AF593145

LEÇONS

SUR LES APPLICATIONS PRATIQUES

DE LA

GÉOMÉTRIE ET DE LA TRIGONOMÉTRIE,

Par MM. J.-A. SERRET et CH. BOURGEOIS.

Ouvrage servant de complément au *Traité de Trigonométrie* de M. J.-A. SERRET, examinateur pour l'admission à l'École Polytechnique, et renfermant les matières exigées pour l'admission à cette École, d'après le *Programme* arrêté par la Commission nommée en exécution de la loi du 5 juin 1850, et approuvé par M. le Ministre de la Guerre.

PARIS,
BACHELIER, IMPRIMEUR-LIBRAIRE
DE L'ÉCOLE POLYTECHNIQUE, DU BUREAU DES LONGITUDES, ETC.,
QUAI DES AUGUSTINS, 55.

1851

PARIS. — IMPRIMERIE DE BACHELIER,
rue du Jardinet, 12.

AVERTISSEMENT DE L'ÉDITEUR.

Ces *Leçons* renferment la substance des connaissances pratiques qu'on exige des candidats à l'École Polytechnique. Elles forment un supplément au *Traité de Trigonométrie* de M. J.-A. Serret, publié au mois de juin 1850; c'est à cet ouvrage que se rapportent les renvois faits dans le cours de ces Leçons.

On a transcrit, à la suite de la table des matières, un extrait du *Programme officiel*, avec l'indication des paragraphes où chaque question se trouve développée.

TABLE DES MATIÈRES.

(Les chiffres indiquent les pages.)

PREMIÈRE LEÇON.

LEVER DES PLANS.

Définition du lever des plans, 1. — Des échelles, *ib.* — Des instruments employés pour le dessin, 3. — Tracé d'une ligne droite sur le terrain, 4. — Description et usage de la chaîne d'arpenteur, 5. — Lever au mètre, 7. — Description et usage du graphomètre, 8. — Lever au moyen du graphomètre, 10. — Mesure de la distance d'un point à un point inaccessible, 11.

DEUXIÈME LEÇON.

ARPENTAGE.

Définition de l'arpentage, 14. — Équerre de l'arpenteur, *ib.* — Arpentage d'un terrain limité par un contour polygonal, 15. — Méthode pour la quadrature approchée des courbes, 17. — Arpentage d'un terrain limité par un contour formé de droites et de courbes quelconques, 19. — Cas d'un terrain dont on a construit la carte à l'échelle, 20. — Problèmes de géométrie pratique, 21.

TROISIÈME LEÇON.

MESURE DES BASES ET DES ANGLES.

Des règles, 27. — Du niveau à bulle d'air, 31. — De la stadia, 32. — Description et usage du cercle, 33. — Réduction des angles aux centres des stations, 37.

QUATRIÈME LEÇON.

LEVER DES PLANS.

Mesure et calcul d'un réseau de triangles, 40. — Type des calculs d'une triangulation, 45. — Comment on rattache les points secondaires au réseau principal, 50. — Tracé du plan sur le papier, 52. — De la planchette, *ib.* — Lever à la planchette, 54. — De la boussole, 55. — Lever à la boussole, 57.

CINQUIÈME LEÇON.

LEVER D'UN PAYS DE MONTAGNES.

Réduction des bases à l'horizon, 60. — Table pour la réduction des bases à l'horizon, *ib.* — Réduction des angles à l'horizon, 61. — Détermination des différences de niveau, 62. — Du niveau d'eau, 63. — De la mire, 65. — Du nivellement, 67.

SIXIÈME LEÇON.

PROBLÈMES DE TRIGONOMÉTRIE PRATIQUE.

Mesure des hauteurs, 70. — Mesure des distances, 74 — Problèmes divers, 78.

EXTRAIT

DU

PROGRAMME OFFICIEL

POUR L'ADMISSION A L'ÉCOLE POLYTECHNIQUE.

GÉOMÉTRIE.

LEVER DES PLANS.

Tracé d'une ligne droite sur le terrain (7, 8). — Mesure de cette ligne au moyen de la chaîne (9 . . 12). — Lever au mètre (13). — Mesure des angles au moyen du graphomètre. Description de cet instrument (14 . . . 18). — Tracé du plan sur le papier (19). — Échelle de réduction (2, 3). — Usage de la règle, de l'équerre et du rapporteur (4 . . 6). — Déterminer avec ou sans graphomètre la distance d'un objet inaccessible (21 . . 25). — Trois points A, B, C étant situés sur un terrain uni et rapportés sur une carte, y retrouver le point M d'où les distances AB et AC ont été vues sous des angles qu'on a déterminés (20).

NOTIONS SUR L'ARPENTAGE.

Méthode de la décomposition en triangles (29, 30). — Méthode plus simple de la décomposition en trapèzes (32). — Équerre de l'arpenteur (27). — Solution pratique lorsque le terrain est limité dans une ou plusieurs de ses parties par une ligne courbe (37, 38).

TRIGONOMÉTRIE.

APPLICATION AU LEVER DES PLANS.

Mesure des bases (47...56). — Mesure des angles. — Description et emploi du cercle. — Usage de la lunette pour rendre la ligne de visée plus précise. — Division du cercle. — Verniers (57...63).

Mesure et calcul d'un réseau de triangles (66...73). — Réductions des angles aux centres des stations (64). — Comment on rattache les points secondaires au réseau principal (74, 75). — Usage de la planchette et de la boussole (77...89).

Lever d'un pays de montagnes (90). — Réduction de la base et des angles à l'horizon (91...94). — Détermination des différences de niveau (95, 96).

Connaissant les latitudes et les longitudes de deux points du globe, trouver la distance de ces points (123, 124).

LEÇONS

SUR LES APPLICATIONS PRATIQUES

DE LA

GÉOMÉTRIE ET DE LA TRIGONOMÉTRIE.

PREMIÈRE LEÇON.

LEVER DES PLANS.

Définition du lever des plans. — Des échelles. — Des instruments employés pour le dessin. — Tracé d'une ligne droite sur le terrain. — Description et usage de la chaîne d'arpenteur. — Lever au mètre. — Description et usage du graphomètre. — Lever au moyen du graphomètre. — Mesure de la distance d'un point à un point inaccessible.

Définition du lever des plans.

1. Le *plan* d'un terrain dont la surface est sensiblement plane est une figure semblable à celle que forment les différents points *remarquables* de ce terrain. On donne aussi quelquefois à cette figure le nom de *carte*.

L'ensemble des opérations nécessaires pour la construction des cartes constitue *le lever des plans*.

Des échelles.

2. Si l'on considère une certaine étendue de terrain, et la *carte* qui la représente, il y aura, entre la distance de

deux points quelconques de la carte et la distance des points *homologues* du terrain, un rapport constant que l'on appelle *échelle de réduction* ou simplement *échelle*.

Le choix de l'échelle dans la construction d'un plan n'est pas tout à fait indifférent. On conçoit, en effet, que l'échelle sera d'autant plus commode qu'on pourra évaluer plus facilement la distance sur le terrain qui correspond à une distance donnée sur la carte, ou inversement.

Les seules échelles usitées aujourd'hui sont celles qui ont l'unité pour numérateur, et pour dénominateur un nombre formé de facteurs 2 et 5; elles sont appelées échelles décimales. Telles sont $\frac{1}{1000}$, $\frac{1}{2000}$, $\frac{1}{2500}$, etc.

3. On a aussi donné le nom d'*échelles* à des figures géométriques par lesquelles on peut évaluer facilement les longueurs des lignes du terrain, à l'aide de leurs homologues sur la carte, ou réciproquement. Nous dirons un mot de ces figures.

Considérons, par exemple, un lever à l'échelle de $\frac{1}{2500}$, en sorte que 1 mètre de la carte corresponde à 2500 mètres sur le terrain, et par suite $0^m,0004$ à 1 mètre. Traçons onze lignes parallèles et équidistantes, dont l'écartement soit, du reste, arbitraire (*fig.* 1). Portons dix fois $0^m,0004$, à partir d'un point A de la première ligne jusqu'en B, puis répétons cette distance AB autant de fois qu'on veut avoir d'hectomètres sur l'échelle. Par les points de division de la première de nos onze lignes, menons-lui des perpendiculaires AA', aa', bb', etc.; enfin joignons Aa', ab', bc', etc.

Comme $A'a'$ représente 10 mètres, les longueurs pp', qq',..., zz' représenteront 1, 2,..., 9 mètres, d'après les propriétés des triangles semblables. En outre, la portion de chacune des onze parallèles comprises entre deux des lignes successives Aa', ab', bc', etc., est constamment égale à 1 mètre. Il est aisé de voir maintenant comment, ayant pris avec un compas la distance de deux points de la carte, on peut, à l'aide de l'échelle, obtenir la distance des points homologues du terrain, puisque sur les onze parallèles se trouvent marquées respectivement les distances de 1, 11, 21 mètres, etc.; de 2, 12, 22 mètres, etc.; et enfin de 9, 19, 29 mètres, etc.

Des instruments employés pour le dessin.

4. Les instruments que l'on emploie pour le dessin des cartes sont la *règle*, l'*équerre* et le *rapporteur*.

La *règle* sert à tracer des lignes droites. Pour vérifier si une règle est bien dressée, on marque deux points sur le papier avec un crayon très-fin, on fait passer l'arête de la règle par ces deux points, et on la marque au crayon; on recommence ensuite l'opération après avoir retourné la règle. Si les deux traits obtenus coïncident, on sera sûr de l'exactitude de la règle.

5. L'*équerre* se compose de deux règles rectangulaires assemblées entre elles, ou d'une pièce de bois ayant la figure d'un triangle rectangle; elle sert à mener une parallèle ou une perpendiculaire à une droite donnée. On vérifie, comme pour les règles, que les arêtes de l'équerre sont bien dressées. Quand on veut obtenir un dessin très-exact, on ne se sert pas de l'équerre pour mener des perpendiculaires aux droites déjà tracées, mais bien du compas, ainsi que cela se trouve expliqué dans tous les Traités de géométrie.

Pour mener par un point C une parallèle à une droite AB, on fait coïncider l'un des côtés de l'équerre avec AB, puis on applique une règle sur l'un des deux autres côtés, et l'on fait glisser l'équerre le long de la règle, jusqu'à ce que le côté qui coïncidait avec AB vienne passer par le point C; la position occupée alors par ce côté est la parallèle cherchée.

6. Le *rapporteur* est un demi-cercle en corne transparente, terminé, dans le sens de son diamètre, par une petite bande rectangulaire faisant l'office de règle. Le limbe porte une double graduation, l'une de 0 à 180°, l'autre de 180° à 0; enfin, le milieu de chaque degré est indiqué par un trait. On emploie le rapporteur pour faire en un point et avec une droite un angle donné, lorsque cet angle est donné en degrés. Pour cela, on place le rapporteur de manière que son centre et l'extrémité de l'arc qui comprend le nombre donné de degrés soient sur la droite, et que le bord de la règle passe par le point. Alors le trait tiré contre la règle, dans cette position, donne le second côté de l'angle. Lorsque l'angle qu'il faut construire n'est pas donné en degrés, mais qu'un angle égal se trouve déjà tracé sur la carte ou ailleurs, on peut encore faire usage du rapporteur; mais alors le compas est préférable et donne un plus grand degré d'exactitude.

Tracé d'une ligne droite sur le terrain.

7. Pour tracer sur le terrain la ligne qui passe par deux points A et B (*fig.* 2), on se sert de *jalons;* ce sont des pièces de bois de forme prismatique, terminées à l'une des extrémités par une pointe ferrée pour qu'on puisse les enfoncer plus aisément en terre, et munies à l'autre extrémité d'un signal destiné à faciliter la direction du rayon visuel. On plante en A et en B deux jalons dont la direction soit bien verticale, puis de distance en distance on plante de même d'autres jalons qui soient tous dans le plan vertical AB, ce dont l'observateur s'assure facilement en se plaçant à une petite distance du jalon A ou B. La direction ainsi déterminée prend le nom d'*alignement.*

Si la ligne AB qu'on doit *jalonner* est longue et qu'on veuille opérer avec une grande précision, on se sert d'une lunette. Cette lunette étant fixée en A ou en B, on plante les jalons, qui déterminent l'alignement, dans le plan vertical passant par l'axe de la lunette.

La manière d'opérer est la même, que le terrain soit horizontal ou incliné. Dans tous les cas, il faut avoir soin d'employer un nombre de jalons assez grand pour que la direction de la ligne jalonnée soit suffisamment indiquée.

8. Si l'on veut déterminer sur le terrain le point de rencontre de deux directions AB et CD (*fig.* 3), on commencera par planter des jalons pour figurer les deux alignements; puis l'observateur étant placé en A et dirigeant son rayon visuel dans le plan vertical de AB, un aide partira du point C pour se diriger vers D et s'arrêtera, à un signal de l'observateur, au moment où il atteindra l'alignement AB en un point I, qui sera l'intersection cherchée.

Description et usage de la chaîne d'arpenteur.

9. La chaîne sert à mesurer les distances; elle a ordinairement 20 mètres de long, quelquefois 10 seulement (*fig.* 36); elle se compose de chaînons en gros fil de fer réunis par des anneaux. La longueur de chaque chaînon est de $0^{m},2$; sur cinq anneaux consécutifs, quatre sont en fer et le cinquième en cuivre, en sorte que les anneaux de cuivre indiquent les mètres. L'anneau qui occupe le milieu de la chaîne est ordinairement un peu plus gros que les autres; enfin, les extrémités sont munies de deux poignées, qui sont comprises chacune dans la longueur du chaînon extrême. Il importe, avant de se servir de la chaîne, de vérifier sa longueur et celle de ses parties, à l'aide d'un mètre étalon.

10. Pour mesurer une ligne avec la chaîne, il faut deux chaîneurs. L'un des chaîneurs est muni de dix *fiches* en fer (*fig.* 37), terminées à une extrémité par une pointe qu'on enfonce dans le sol, et dont l'autre extrémité porte un an-

neau. Soit AB la ligne qu'on veut mesurer; cette ligne ayant été préalablement jalonnée et tracée au cordeau, le second chaîneur place la chaîne dans la direction de l'alignement, l'extrémité de la première poignée restant en A. Cela fait, les deux chaîneurs tendent la chaîne horizontalement à quelques centimètres du sol, et le premier chaîneur plante une fiche en terre dans l'intérieur de la seconde poignée. Alors les deux chaîneurs relèvent la chaîne et se mettent en marche jusqu'à ce que le second chaîneur soit arrivé auprès de la fiche laissée par le premier; la chaîne est de nouveau tendue horizontalement, à partir de ce point, dans la direction de la ligne AB, et de manière que la première poignée touche extérieurement la fiche. Le premier chaîneur plante une deuxième fiche dans la seconde poignée, et le second enlève la première fiche laissée par le premier. L'opération se continue ainsi jusqu'à ce que le premier chaîneur ait planté ses dix fiches. Alors, en supposant qu'il s'agisse d'une chaîne de 10 mètres, la distance mesurée est de 100 mètres. Le second chaîneur remet au premier les dix fiches, et l'opération se continue. On doit avoir soin de noter chaque *échange* de fiches; car dans cette opération, si simple qu'elle soit, on commet souvent des erreurs, et il serait imprudent de se fier à la mémoire des chaîneurs.

11. Lorsqu'on arrive à la fin de la mesure, l'extrémité de la chaîne dépasse généralement le point B; alors on compte le nombre entier de chaînons compris en deçà de B et l'on évalue à vue la fraction excédente, ou, si l'on veut opérer avec plus de précision, on se sert d'un double décimètre gradué.

Supposons que dans la mesure d'une ligne il y ait eu trois échanges de fiches, que le second chaîneur ait dans la main six fiches à la fin de l'opération, et que dans la dernière portion de chaîne employée il y ait sept chaînons plus une longueur évaluée à $0^{m},17$; la longueur de la ligne sera

$$100^{m} \times 3 + 10^{m} \times 6 + 0^{m},2 \times 7 + 0^{m},17 \quad \text{ou} \quad 361^{m},57.$$

12. On fait quelquefois usage, pour mesurer les distances, de doubles ou de quadruples mètres que l'on place bout à bout; mais ce procédé n'est guère employé que pour le lever des détails de constructions.

Lever au mètre.

13. Le seul instrument que l'on emploie pour le *lever au mètre* est la chaîne, ou simplement le double ou quadruple mètre. Supposons qu'on ait à lever un terrain limité par le contour ABCDEF (*fig.* 4). On mesurera d'abord les côtés AB, BC, etc., de ce polygone; puis à partir du sommet A on prendra sur les côtés AF et AB deux longueurs quelconques AA', AA", de 10 mètres par exemple, et l'on mesurera A'A". On connaîtra ainsi les trois côtés du triangle AA'A". En faisant la même opération à tous les autres sommets, on connaîtra les côtés de chacun des triangles BB'B", CC'C", etc.

Ces mesures suffisent pour construire la carte. A cet effet, on trace une ligne quelconque sur la feuille de papier destinée à recevoir le lever, et l'on rapporte, à l'échelle adoptée, suivant cette ligne, le côté AF en *af*; ensuite on construit un triangle *aa'a"* semblable au triangle AA'A" et dont les sommets *a*, *a'*, *a"* soient les homologues des sommets A, A', A". L'angle *a"aa'* étant égal à A"AA', le côté *aa"* sera sur la carte la direction du côté homologue à AB; sur cette direction, et à partir du point *a*, on rapporte à l'échelle le côté AB en *ab*. Le point *b* ainsi obtenu est l'homologue du point B; et, en continuant ainsi, on rapporte sur la carte tous les autres sommets du polygone. On a une vérification des constructions effectuées ; car le dernier sommet *f* homologue de F doit se retrouver sur le côté *af* qu'on a tracé le premier.

Pour relever un point tel que M, situé hors du polygone principal ou dans son intérieur, on joindra ce point aux extrémités de l'un des côtés du polygone, AB par exemple, et l'on relèvera, d'après le même procédé, le triangle ABM, dont un côté AB est déjà tracé sur la carte en *ab*.

Du graphomètre.

14. Le *graphomètre* sert à mesurer les angles ; il se compose d'un limbe demi-circulaire A (*fig.* 38 et 39) de $0^m,10$ à $0^m,30$ de diamètre, et de deux *alidades* à *pinnules*, l'une fixe C, dirigée suivant le diamètre du limbe et faisant corps avec lui ; l'autre B, mobile autour du centre du limbe et située dans son plan. En outre, l'alidade mobile porte à ses extrémités des verniers dont les zéros sont situés dans le plan des fils des pinnules *b* et *b'*.

15. On nomme *pinnule* (*fig.* 40) une plaque de cuivre portant deux fentes dans le sens de sa longueur, et situées l'une au-dessus de l'autre. L'une de ces fentes, qui est très-étroite, est appelée *œilleton ;* l'autre, assez large, est nommée *croisée*. Un fil très-fin, dirigé dans le sens de la longueur de la pinnule, divise la croisée en deux parties égales.

L'*alidade à pinnules* (*fig.* 41) est une règle portant perpendiculairement à ses extrémités deux pinnules. Dans l'une d'elles, l'œilleton est à la partie inférieure ; dans l'autre, au contraire, c'est la croisée qui est en bas, et l'œilleton occupe la partie supérieure. Par cette disposition, on aperçoit le fil de l'une quelconque des croisées en approchant son œil de l'œilleton correspondant ; la direction du rayon visuel prend le nom de *ligne de visée*.

16. Le limbe du graphomètre porte, comme le rapporteur décrit au n° 6, une double graduation en demi-degrés, de 0° à 180°. Les pinnules c, c' de l'alidade fixe doivent être disposées de manière que la ligne des deux points du limbe marqués 0 soit dans le plan des fils.

Le limbe est fixé, par son centre a, à une tige f qui traverse à frottement une sphère g. Cette sphère est embrassée par deux coquilles h que l'on peut rapprocher, au moyen d'une vis i, de manière à la fixer. Cet assemblage porte le nom de *genou à coquilles*. L'instrument est terminé par une douille r ou cylindre creux, dans lequel s'emmanche l'axe M du trépied.

17. Pour mesurer un angle, on dispose le graphomètre de manière que son centre soit sensiblement sur la verticale qui passe par le sommet de l'angle. A cet effet, on place l'instrument à peu près dans cette position, puis on dirige un fil à plomb suivant l'axe du trépied; si l'extrémité du plomb tombe au sommet de l'angle, l'instrument est convenablement établi; dans le cas contraire, on enfonce en terre l'un des supports du trépied et l'on arrive aisément à remplir la condition exigée. Ensuite on fait tourner la sphère g entre les coquilles jusqu'à ce que le plan du limbe contienne les deux points dont on veut mesurer la distance angulaire; avec un peu d'habitude on y arrive après quelques tâtonnements. Dans ce mouvement, le centre du limbe se déplace, mais d'une quantité négligeable. Enfin on fait tourner le limbe dans son plan, jusqu'à ce que la ligne de visée de l'alidade fixe coïncide avec l'un des côtés de l'angle, et on fait mouvoir l'alidade mobile jusqu'à ce que sa ligne de visée coïncide avec la direction de l'autre côté; l'arc du limbe compris entre son zéro et le zéro du vernier donne la mesure de l'angle.

18. Les alidades du graphomètre peuvent être rempla-

cées avantageusement par des lunettes portant des *réticules*. L'une d'elles est fixée au-dessous du limbe suivant son diamètre; l'autre peut tourner autour du centre du limbe et est munie d'une vis de pression qui permet, en la desserrant, de lui donner un mouvement rapide; une vis de rappel sert à lui donner un mouvement lent (*).

L'emploi des lunettes et des réticules permet d'obtenir une plus grande précision dans la ligne de visée.

Lever au moyen du graphomètre.

19. La mesure des lignes sur le terrain présente des difficultés plus grandes que celle des angles; aussi est-il très-avantageux d'avoir à sa disposition un graphomètre quand on veut faire un lever, car il suffira de mesurer une seule ligne, à laquelle on donne alors le nom de *base*.

En effet, supposons qu'après avoir mesuré une base sur un terrain uni, on ait marqué par des *signaux* les extrémités de cette base, ainsi que les points principaux du terrain dont on veut prendre le lever. Imaginons aussi tous ces points réunis aux extrémités de la base par des droites idéales, de manière à former autant de triangles : on pourra, avec le graphomètre, mesurer les angles de chaque triangle. Rapportant ensuite la base sur la carte, à l'échelle adoptée, et construisant sur cette base, à l'aide du rapporteur, des triangles semblables à ceux du terrain et semblablement placés, les sommets de ces triangles formeront le lever. Nous croyons, quant à présent, devoir nous borner à ce qui précède, à cause des développements qui seront

(*) Une vis de rappel est une vis d'un très-petit pas portée par un collet fixé à une pièce mobile le long d'une pièce fixe; l'écrou de cette vis porte une pince qui, à l'aide d'une seconde vis, peut serrer les bords de la pièce fixe. Dans cette position, la pièce mobile ne peut être mise en mouvement que par la vis de rappel.

donnés plus tard dans l'exposé des méthodes usuelles pour les levers. Nous indiquerons pourtant ici un moyen de relever un nombre quelconque de points où l'on peut stationner lorsqu'on a préalablement déterminé les positions de trois points.

20. *Trois points* A, B, C *étant situés sur un terrain uni, et rapportés sur une carte, y retrouver le point* M, *d'où les distances* AB *et* BC *ont été vues sous des angles* α *et* 6 *qu'on a déterminés.*

Soient a, b, c, m (*fig.* 5) les points de la carte homologues des points A, B, C, M du terrain; on décrira sur ab un segment capable de l'angle α, et sur bc un segment capable de l'angle 6 : le point m sera l'intersection des deux segments.

Si l'on veut retrouver le point M du terrain, on évaluera, à l'aide du rapporteur, l'angle $abm = ABM$, et, à l'aide de l'échelle décrite au n° 3, on déduira de bm la distance BM du terrain; on n'aura donc ensuite qu'à tracer un alignement dans la direction connue de BM, puis à mesurer avec la chaîne une distance connue dans cette direction.

Mesure de la distance d'un point à un point inaccessible.

21. La méthode employée pour le lever au mètre peut servir à déterminer la distance d'un point à un point inaccessible.

Première solution. — On prendra une base à partir du point donné, et l'on fera le lever au mètre du triangle formé par cette base et le point inaccessible; puis, à l'aide de l'échelle, on évaluera la distance demandée. Il faut remarquer que dans cette opération il n'y a pas de vérification, puisqu'on ne peut se transporter au point inaccessible.

22. *Deuxième solution.* — Pour effectuer le lever du

triangle dont il vient d'être parlé, il suffit, quand on a à sa disposition un graphomètre, de chaîner la base et de mesurer avec le graphomètre les deux angles adjacents.

23. *Troisième solution.* — On peut encore employer le procédé suivant, pour résoudre le même problème avec le graphomètre et la chaîne : on mesurera une base quelconque à partir du point où l'on stationne, puis on déterminera les angles adjacents à cette base dans le triangle qui a pour sommet le point inaccessible; on pourra alors, en faisant usage du procédé du n° 8, figurer sur le terrain le triangle symétrique de celui-là par rapport à la base, et, par conséquent, mesurer avec la chaîne la distance cherchée.

24. *Quatrième solution.* — Soient A le point donné (*fig.* 6) et X le point inaccessible dont on veut connaître la distance au point A; on tracera par des jalons un alignement dans la direction de AX, puis un second alignement dans une direction quelconque AM. Ensuite on mesurera sur AX, avec la chaîne, deux distances AB et AC quelconques, et l'on prendra sur AM les distances AB′ et AC′ respectivement égales à AB et AC. Imaginons tracées les lignes BC′ et CB′ qui se coupent en D; l'égalité des triangles ACB′ et AC′B entraîne celle des angles BCD et B′C′D. Comme d'ailleurs les côtés BC, B′C′ sont égaux, ainsi que les angles BDC et B′DC′ opposés par le sommet, les triangles BCD et B′C′D sont égaux, d'où il suit que BD = B′D; donc, les triangles ABD et AB′D étant égaux, la ligne AD est la bissectrice de l'angle MAX, et si sur AM on suppose AX′ = AX, les droites XC′ et CX′ se couperont en un point E de AD. Voici comment on aura sur le terrain le point X′: on aura le point D en formant deux alignements suivant BC′ et CB′, comme il a été dit au n° 8; on formera deux nouveaux alignements, l'un suivant AD, l'autre suivant C′X, et l'on déterminera de même l'inter-

section E de ces deux alignements; enfin on formera un dernier alignement suivant CE, et l'on prendra, toujours par le même procédé, son intersection avec la ligne AM : on aura alors le point X'. On chaînera la distance AX' et l'on aura le résultat cherché.

25. *Cinquième solution.* — Soient A le point donné (*fig.* 7) et X le point inaccessible; on plantera un jalon en A, puis deux autres en deux points B et C situés de part et d'autre de A et en ligne droite avec lui, puis un quatrième jalon en un point D quelconque de la direction AX; on prendra l'intersection des deux alignements suivant BX et CD, ce qui déterminera le point F, et celle des deux alignements CX et BD, ce qui déterminera le point E; enfin on tracera un alignement suivant EF, et l'on prendra son intersection G avec AX. Cela posé, dans le quadrilatère BCEF, la ligne DX, qui joint le point de rencontre des diagonales avec celui de deux côtés opposés, est partagée harmoniquement par les deux autres côtés. On a donc

$$\frac{AX}{AX - AG} = \frac{AD}{DG}, \quad \text{d'où} \quad AX = \frac{AD.AG}{AD - DG}.$$

On mesurera à la chaîne les distances AD et DG, et l'on aura, à l'aide de la formule précédente, la valeur de AX.

DEUXIÈME LEÇON.

ARPENTAGE.

Définition de l'arpentage. — Équerre de l'arpenteur. — Arpentage d'un terrain limité par un contour polygonal. — Méthode pour la quadrature approchée des courbes. — Arpentage d'un terrain limité par un contour formé de droites et de courbes quelconques. — Cas d'un terrain dont on a construit la carte à l'échelle. — Problèmes de géométrie pratique.

Définition de l'arpentage.

26. L'*arpentage* a pour objet l'évaluation de la superficie d'un terrain. Les instruments employés pour l'arpentage sont la chaîne décrite au n° 9, et l'équerre d'arpenteur dont nous allons parler.

De l'équerre d'arpenteur.

27. L'équerre d'arpenteur se compose d'un tambour cylindrique en cuivre A (*fig.* 42) qui s'emmanche sur un piquet par une douille B. Le tambour est percé de quatre fentes longitudinales, situées deux à deux aux extrémités de deux diamètres perpendiculaires entre eux. Ces fentes font l'office de pinnules.

Cet instrument sert à trouver le pied de la perpendiculaire abaissée d'un point sur une ligne. A cet effet on cherche, par tâtonnements, à placer le pied de l'équerre sur cette ligne, de manière qu'on puisse voir à la fois, par deux pinnules opposées, les extrémités de la ligne, et par les deux autres pinnules, le point par lequel on veut mener la perpendiculaire : le pied du piquet, dans cette position de l'instrument, est le point cherché.

28. On peut aussi se servir de l'équerre d'arpenteur pour élever en un point d'une droite une perpendiculaire à cette droite. Pour cela, le piquet de l'équerre étant planté en ce point, on le fait tourner jusqu'à ce que par deux des pinnules de l'équerre on puisse apercevoir les extrémités de la ligne, et l'on fait placer par un aide un jalon qu'on puisse voir par les deux autres pinnules. Traçant l'alignement déterminé par le piquet de l'équerre et le jalon, on aura la perpendiculaire demandée.

Arpentage d'un terrain limité par un contour polygonal.

29. Nous considérerons d'abord le cas le plus simple de l'arpentage, celui où le terrain sur lequel on opère est limité par un contour rectiligne. Deux méthodes peuvent être appliquées à ce cas; nous les décrirons successivement.

Première méthode, dite *de la décomposition en triangles*. — Cette méthode consiste à décomposer le polygone en triangles, à l'aide de diagonales, et à évaluer séparément la surface de chaque triangle. La décomposition peut se faire de plusieurs manières; il suffit, par exemple, de joindre l'un des sommets à tous les autres. Pour avoir la surface de l'un des triangles, on abaisse une perpendiculaire de l'un des sommets sur le côté opposé, à l'aide de l'équerre d'arpenteur; on mesure ensuite, avec la chaîne, la longueur de cette perpendiculaire et celle du côté sur lequel elle est abaissée.

Soit, par exemple, ABCDEF (*fig.* 8) le polygone qui figure le terrain; on mènera les diagonales AC, AD, AE; on abaissera avec l'équerre d'arpenteur les perpendiculaires Bb, Cc, Ee, Ff, sur AC, AD, AE, AF, respectivement, et l'on aura, pour la surface cherchée,

$$\tfrac{1}{2}(\mathrm{AC}.\mathrm{B}b + \mathrm{AD}.\mathrm{C}c + \mathrm{AD}.\mathrm{E}e + \mathrm{AE}.\mathrm{F}f).$$

Les perpendiculaires qu'on trace avec l'équerre d'arpenteur doivent, le plus souvent, être tout entières situées sur le terrain qu'on arpente; on remplira cette condition en choisissant convenablement, dans chaque triangle, le côté qui est pris pour base.

30. Il importe de noter avec soin la base et la hauteur de chaque triangle, afin de ne pas confondre ces lignes entre elles. Habituellement on se munit d'un tableau divisé en quatre colonnes. Dans la première, on inscrit le numéro ou la désignation du triangle; dans la deuxième, sa base; dans la troisième, sa hauteur; et enfin, dans la quatrième, sa surface; de sorte qu'à la fin de l'opération on obtient immédiatement le résultat en additionnant tous les nombres de la dernière colonne.

Voici un exemple de la disposition indiquée (*fig.* 8) :

TRIANGLES.	BASE en mètres.	HAUTEUR en mètres	SURFACE en mètres carrés.
ABC..........	251	54	6777
ACD..........	276	124	17112
ADE..........	280	147	20580
AEF..........	280	89	12460
		Total..............	56929

Le terrain a ici une surface de 56929 mètres carrés, ou de 5^hectares^,6929.

31. *Remarque.* — On doit, autant que possible, opérer la décomposition en triangles de manière que les perpendiculaires dont on fait usage ne soient pas trop petites; car,

si le point d'où l'on abaisse avec l'équerre une perpendiculaire à une droite est trop près de cette droite, il est facile de commettre une erreur sur la position du pied de la perpendiculaire.

32. *Seconde méthode,* dite *de la décomposition en trapèzes.* — Soit ABCDEFG (*fig.* 9) le terrain qu'il s'agit d'arpenter; on tracera une ligne MN qui ne soit pas trop près des sommets, puis de ces sommets on abaissera sur MN les perpendiculaires A*a*, B*b*, C*c*, D*d*, E*e*, F*f*, G*g*. La surface du polygone sera alors égale à la somme des trapèzes AB*ab*, BC*bc*, CD*cd*, DE*de*, diminuée de la somme des trapèzes EF*ef*, FG*fg*, GA*ga*; et, par conséquent, la question se trouvera ramenée à mesurer les distances des sommets à la ligne MN et les projections des côtés sur cette ligne; car on pourra alors calculer les surfaces des différents trapèzes.

Pour éviter les erreurs que produirait la confusion des bases et des hauteurs, ainsi que celle des trapèzes additifs et soustractifs, il convient, quand on va sur le terrain, de se munir d'un tableau disposé d'une manière analogue à celui indiqué au n° 30.

33. *Remarque.* — Quand on ne peut franchir les limites du terrain qu'on veut arpenter, il faut non-seulement que la ligne MN soit située sur ce terrain, mais encore qu'elle soit tellement choisie, que les perpendiculaires abaissées des sommets ne sortent pas des limites. Cette condition est quelquefois difficile à remplir; alors on cherche à décomposer le polygone en deux ou plusieurs parties, sur lesquelles on opère successivement.

Méthode pour la quadrature approchée des courbes.

34. Soient MN (*fig.* 10) une portion d'une ligne courbe

quelconque, $x'x$ une droite quelconque, MA et NB les perpendiculaires abaissées des extrémités M et N sur $x'x$; et proposons-nous d'évaluer approximativement l'aire du trapèze mixtiligne comprise entre l'arc MN, la ligne $x'x$ et les deux parallèles MA et NB. Pour cela, partageons l'arc MN en un certain nombre de parties assez petites pour que chacun de ces arcs soit sensiblement confondu avec sa corde. Par les points de division P, Q,..., abaissons sur $x'x$ les perpendiculaires PC, QD,...; il est évident que la surface cherchée sera à très-peu près égale à la somme des trapèzes MPCA, PQCD,..., etc.: en mesurant donc les bases et les hauteurs de ces trapèzes, on pourra connaître une valeur approchée de l'aire AMNB.

35. On peut facilement donner une idée de l'approximation que l'on obtient par cette méthode, en considérant le cas particulier où l'arc MN a été divisé, de manière que les projections de ses parties sur $x'x$ soient égales entre elles. Supposons d'abord que les perpendiculaires abaissées des différents points de l'arc MN sur $x'x$ aillent constamment en augmentant ou en diminuant, comme dans la *fig.* 11. Construisons les rectangles intérieurs ACMm, CDPp, DEQq, EBRr, et les rectangles extérieurs ACPp', CDQq', DERr', EBNs', ayant pour base commune l'une des divisions h de AB; il est clair que l'aire de la courbe et la somme des trapèzes dont il a été question plus haut sont toutes deux comprises entre les deux sommes de rectangles. D'ailleurs la différence entre ces sommes de rectangles est égale au dernier rectangle extérieur EBNs', diminué du premier rectangle intérieur ACMm; donc l'erreur commise, en prenant la somme des trapèzes pour l'aire de la courbe, est moindre que EBNs' — ACMm ou h(NB — MA); et, par suite, on peut faire en sorte qu'elle soit aussi petite que l'on voudra en prenant h suffisamment petit.

La même chose a lieu si les perpendiculaires abaissées des différents points de MN ne varient pas constamment dans le même sens, car alors on peut évidemment décomposer la courbe en plusieurs parties satisfaisant chacune à cette condition.

36. Il existe, pour la quadrature approchée des courbes, une méthode attribuée à Thomas Simpson, et qui conduit à un résultat plus approché que la précédente. On démontre cette méthode en géométrie analytique; nous nous bornons ici à l'indiquer. Elle consiste à partager l'arc de la courbe en un nombre pair de parties dont les projections h sur $x'x$ soient égales, et à prendre pour valeur approchée de l'aire le tiers du produit que l'on obtient en multipliant l'intervalle constant h, par la somme des ordonnées extrêmes augmentée du double de la somme des autres ordonnées de rang impair et du quadruple de la somme des ordonnées de rang pair.

Arpentage d'un terrain limité par un contour formé de droites et de courbes quelconques.

37. Soit proposé d'arpenter le terrain limité d'une part par la ligne brisée ABCDEFG (*fig.* 12), et d'autre part par la courbe AIG. En abaissant sur une ligne quelconque MN les perpendiculaires Aa, Bb, Cc, Dd, Ee, Ff, Gg, il est évident que la surface du polygone se trouvera décomposée en trapèzes additifs et soustractifs, comme au n° 32, avec cette seule différence que l'un des trapèzes additifs sera mixtiligne. On évaluera donc chacun des trapèzes ordinaires en mesurant ses bases et sa hauteur; puis ensuite le trapèze mixtiligne par la méthode des n°s 34 ou 36.

Remarque. — Le même procédé s'applique sans difficulté au cas où le terrain est terminé, dans plusieurs de ses parties, par des lignes courbes.

Cas d'un terrain dont on a construit la carte à l'échelle.

38. Si le lever du terrain qu'on veut arpenter se trouve effectué, il est évident que le moyen le plus simple consiste à prendre sur la carte et à rapporter ensuite au terrain les dimensions des triangles ou des trapèzes dans lesquels on le suppose décomposé.

Voici un tableau donnant l'ensemble des calculs pour l'évaluation de la surface d'un terrain dont le lever à l'échelle de $\frac{1}{1000}$ est représenté par la *fig.* 12. Le terrain est terminé d'une part par les droites AB, BC, CD, DE, et d'autre part par la courbe AIG; *be* est prise pour base de l'opération; la projection sur cette base de la courbe AIG a été partagée en dix-sept parties égales.

Arpentage de ... (fig. 12).

TRAPÈZES.	BASES en mètres.	HAUTEUR en mètres des trapèzes additifs.	HAUTEUR en mètres des trapèzes soustractifs.	SURFACES en mètres carrés des trapèzes additifs.	SURFACES en mètres carrés des trapèzes soustractifs.	ÉVALUATION de la surface du trapèze mixtiligne.
	35,10					$\frac{1}{2}$ A *a* = 17,55
A *ab* B.		31,7		190,2		(1) = 35,60
	23,1					(2) = 36,20
B *bc* C.		43,5		1987,72		(3) = 36,80
	68,5					(4) = 37,10
C *cd* D.		123,4		13678,89		(5) = 37,70
	153,2					(6) = 38,40
D *de* E.		245,8		733010,94		(7) = 39,00
	115,4					(8) = 38,90
E *ef* F.		38,7		3250,8		(9) = 38.40
	152,6					(10) = 37,60
F *fg* G.			34,5		301,00	(11) = 37,00
	35,1					(12) = 36,40
				752118,55		(13) = 36,00
						(14) = 35,80
						(15) = 35,60
						(16) = 35,30
						$\frac{1}{2}$ G*g* = 17,55
						626,70
						Hauteur commune. 14,50
						Surface. 9087,15

Surface du terrain........... $752118^{\text{mc}},55 + 9087^{\text{mc}},15 - 301^{\text{mc}},00$
$= 760904^{\text{mc}},70 = 76^{\text{hectares}},09047.$

Problèmes de géométrie pratique.

39. Nous terminerons par quelques problèmes de géométrie pratique, qu'on peut résoudre rapidement sur le terrain avec une chaîne et des jalons seulement.

Problème I. — *Trouver la distance de deux points inaccessibles.*

Soit AB (*fig.* 13) la longueur à mesurer. En un point D quelconque on plantera un jalon, et deux autres en des points C et c équidistants du point D et en ligne droite avec lui; en un point E quelconque pris sur le prolongement de AC, on plantera un quatrième jalon, et l'on prolongera DE d'une quantité De égale à DE; en un point F pris sur le prolongement de BC, on plantera un cinquième jalon, et l'on prolongera DF d'une quantité Df égale à DF; enfin on plantera deux jalons aux points b et a d'intersection des alignements AD, BD avec les alignements ec, fc, et l'on mesurera la distance ab : on aura ainsi la longueur de la ligne AB.

En effet, de ce que les triangles FDC, CED sont respectivement égaux aux triangles fDc, ceD, on conclut que les angles BFD, AED sont respectivement égaux aux angles bfD, aeD, et, par suite, que les triangles BDF, ADE sont respectivement égaux aux triangles bDf, aDe; donc

$$DB = Db, \quad DA = Da.$$

Les triangles DAB, Dab sont donc égaux, par suite,

$$AB = ab.$$

40. Problème II. — *Trouver la distance d'un point donné à la droite qui passe par deux points inaccessibles.*

Soient AB (*fig.* 13) la droite inaccessible et C le point dont on veut avoir la distance à cette droite. Après avoir mis au point C un jalon, ainsi que deux autres en des points D et c situés sur un alignement passant par C, et de telle sorte que la distance CD soit égale à Dc, on effectuera avec ces trois points la construction du problème précédent; on aura ainsi une droite ab dont la distance au point c sera égale à la distance de C à AB.

En effet, de ce que les triangles D*fc*, D*fb* sont respectivement égaux aux triangles DFC, DFB, on conclut que les lignes *cb*, CB sont égales; de même, de ce que les triangles D*ec*, D*ea* sont respectivement égaux aux triangles DEC, DEA, on conclut que les lignes *ca*, CA sont égales : les deux triangles *cba*, CBA sont donc égaux et ont, par conséquent, des hauteurs égales; donc la distance du point *c* à la droite *ab*, distance que l'on peut mesurer, est égale à la distance du point C à la droite inaccessible AB.

41. Problème III. — *Par un point donné, mener une parallèle à une droite dont une partie est accessible.*

Après avoir mis un premier jalon au point donné A (*fig.* 14), on en placera trois autres équidistants entre eux en B, C, D sur la portion accessible de la droite donnée, puis un cinquième en E sur le prolongement de AB, un sixième en F, intersection de AD et de CE, enfin un septième en G, intersection de BF et de DE : la ligne AG sera la parallèle demandée.

En effet, dans le triangle EBD, les deux lignes AD, BG étant menées de deux sommets B et D à un point F de la médiane passant par le troisième sommet, ces droites rencontreront les côtés opposés en deux points A et G, qui seront sur une parallèle à la base BD.

42. Problème IV. — *Par un point donné, mener une parallèle à une droite inaccessible.*

Soient A (*fig.* 15) le point donné, X et Y deux points visibles de la ligne inaccessible; après avoir mis un premier jalon en A, on en placera un second en B sur AY, puis un troisième en un point quelconque C. Par le point A, on mènera, en employant la construction précédente, une parallèle à CY et l'on placera un quatrième jalon au point D où cette parallèle coupe CB. Par le point D, on mènera une parallèle à CX, et l'on plantera un cinquième jalon au point E d'intersection de cette droite avec BX; la ligne AE sera la parallèle demandée.

En effet, les parallèles AD et CY donnent

$$\frac{BD}{BC} = \frac{BA}{BY};$$

les parallèles DE et CX donnent

$$\frac{BD}{BC} = \frac{BE}{BX};$$

donc

$$\frac{BA}{BY} = \frac{BE}{BX},$$

ce qui prouve que les droites AE et XY sont parallèles.

43. Problème V. — *Prolonger une droite au delà d'un obstacle.*

Soient X et Y (*fig.* 16) deux points de la droite que l'on veut prolonger. On plantera en un point quelconque A un premier jalon, un second en B sur AX, un troisième en C sur AY, les deux points B et C étant choisis de telle sorte, que la droite qui les joint rencontre XY au delà de l'obstacle. On plantera un quatrième jalon en D, intersection de CX et BY, un cinquième en un point quelconque E de AD, un sixième en F, intersection de BE et de AY, un septième au point d'intersection G de CE et de AX; enfin un huitième en H, intersection de BC et de GF. Ce dernier point appartient au prolongement de XY.

En effet, d'après un théorème connu, dans le quadrilatère BCXY la ligne AD, qui joint le point d'intersection A de deux côtés opposés au point d'intersection D des diagonales, doit rencontrer BC en un point I qui est le conjugué harmonique, par rapport à B et C, du point d'intersection de BC et de XY. Dans le second quadrilatère GBCF, cette même ligne AD, qui joint le point d'intersection A de deux côtés opposés au point d'intersection E des diagonales, coupe BC en un point I dont le conjugué harmonique, par rapport à B et C, est le point d'intersection de BC et de GF. Les deux droites XY et GF devant passer par un même point de BC, le point H d'intersection de BC et de GF appartient à XY.

On peut avoir, par une construction semblable, un second point du prolongement de XY, et alors la question sera résolue.

44. Problème VI. — *Mener une perpendiculaire à une ligne donnée.*

Après avoir mis un premier jalon en A sur la ligne donnée XY (*fig.* 17), on en placera quatre autres aux points B, C, D, E, équidistants du point A, les deux premiers étant en outre sur la ligne XY; on en placera un sixième au point d'intersection I de BE avec CD, enfin un septième en G, intersection de BD et CE; la ligne IG sera la perpendiculaire demandée.

En effet, les distances AB, AD, AE, AC étant égales, les points D et E sont sur la circonférence décrite sur BC comme diamètre; donc les angles BDC, BEC sont droits. Les deux lignes BE, CD sont donc deux des hauteurs du triangle GBC; par suite, la ligne qui joint le sommet G au point d'intersection I de ces deux hauteurs sera perpendiculaire au côté BC.

Si l'on voulait mener à la ligne donnée une perpendiculaire par un point donné O, il suffirait de mener par ce point une parallèle à IG.

TROISIÈME LEÇON.

MESURE DES BASES ET DES ANGLES.

Des règles. — Du niveau à bulle d'air. — De la stadia. — Description et usage du cercle. — Réduction des angles aux centres des stations.

---

45. Lorsqu'on veut appliquer la trigonométrie aux opérations sur le terrain, on commence par mesurer directement certains angles et certaines bases. La mesure des bases, comme nous l'avons déjà dit, présente des difficultés beaucoup plus grandes que celle des angles, surtout quand on exige une grande précision; aussi, dans la plupart des cas, ne mesure-t-on qu'une seule base, et l'on détermine par le calcul les autres distances qu'on a besoin de connaître.

46. Les opérations sur le terrain se divisent en deux catégories : les opérations *géodésiques* et les opérations *topographiques*. Dans les premières, où il s'agit de surfaces d'une grande étendue, on doit tenir compte de la *sphéricité* de la terre et de la *réfraction atmosphérique;* il faut aussi mesurer la base et les angles avec une grande précision. Dans les opérations *topographiques,* au contraire, où l'on considère des surfaces peu étendues et auxquelles se rapportent surtout les développements qui suivent, on néglige absolument la sphéricité du globe, et généralement on n'a pas besoin d'une précision aussi grande que dans les opérations géodésiques.

Les instruments dont on fait usage pour mesurer les bases sont au nombre de trois : la *chaîne d'arpenteur* dont nous avons déjà parlé, les *règles* et la *stadia*. Pour mesurer les angles; on peut employer le *graphomètre*, ou mieux le *cercle* dont nous donnerons la description.

Des règles.

47. Les règles employées par Delambre et Méchain dans les opérations géodésiques de France étaient en métal; dans chaque règle était logé un thermomètre indiquant la température, et l'on avait soin de faire les corrections nécessitées par les dilatations. Dans les opérations topographiques, où l'on cherche à éviter les corrections très-minutieuses, on fait usage de règles en bois, qui ne varient pas sensiblement de longueur avec la température.

Les différents appareils usités ne diffèrent entre eux que par des détails peu importants; on emploie dans le génie militaire le système de règles imaginé par M. le colonel Clerc. En voici la description telle que l'a donnée M. le chef de bataillon Livet dans son *Cours de topographie à l'École d'Application du génie et de l'artillerie.*

48. L'appareil de M. Clerc se compose de deux règles de 4 ou 5 mètres de longueur (*fig.* 43); il vaut mieux les faire de 5 mètres pour gagner du temps sur les mesures; mais comme cette grande longueur les rendrait embarrassantes dans les voyages, on les replie par le milieu au moyen de la charnière EG, et quand on veut s'en servir, on les rend rigides avec une pièce de fer H serrée par quatre boulons. Ces règles sont en bois de sapin de droit fil; elles sont divisées en mètres et décimètres, et portent à chacune de leurs extrémités des cylindres en acier : l'un vertical en A, l'autre horizontal en B. Cette disposition est motivée sur ce qu'étant mis en contact, les cylindres ne se touchent qu'en un seul point, ce qui offre plus de précision. Le cylindre vertical A est porté par une languette a''' (*fig.* 44), divisée

en millimètres et mobile dans un coulisseau horizontal. Par cette disposition, au lieu de placer les règles en contact immédiatement, on laisse entre elles un petit intervalle qui se mesure sur la coulisse, établissant le contact par le mouvement seul du cylindre, sans qu'on puisse craindre de déplacer par un choc la dernière règle posée.

Les règles et leurs pieds sont réunis à angle droit par des doubles boîtes en tôle C (*fig.* 43), dans lesquelles les pieds et la règle se meuvent à volonté et se fixent ensuite au moyen de vis de pression D. C'est en faisant monter ou descendre les règles le long d'un de leurs pieds et au moyen d'un petit niveau à bulle d'air N, que l'on parvient à les amener dans une position horizontale. Pour faciliter cette opération, on a ajusté à l'extrémité inférieure de chacun de ces pieds une espèce de pédale en fer F, sur laquelle on appuie pour assujettir l'appareil dans le cas où il serait nécessaire d'élever la règle. On distingue les règles entre elles par les n°s 1 et 2 qui y sont peints.

49. Voici maintenant comment il faut se servir de l'appareil. Supposons d'abord le terrain horizontal, et soit LM (*fig.* 45) la ligne qu'il s'agit de mesurer. Cette ligne a été préalablement jalonnée, puis tracée au moyen d'un cordeau de 50 à 60 mètres, fortement tendu dans la direction de la ligne par deux piquets en fer *p*, à partir du point L, d'où nous supposons que doit commencer la mesure.

Pour opérer, les aides sont au nombre de quatre, deux pour chaque règle; ils sont placés à gauche, près des pieds. Le cordeau est tendu rapidement par un des aides, qui, muni d'une petite hache à tête X, enfonce le premier piquet *p*, près du point de départ; il tend alors le cordeau que le chef de la manœuvre fait entrer dans la ligne, et l'ayant fixé avec le second piquet, il revient à son poste.

La première règle n° 1 étant placée, ses pieds exactement contre le cordeau, son extrémité arrière A à peu près dans la verticale du point de départ L, on l'amène dans une position horizontale au moyen des pieds et du niveau. Elle est maintenue dans cette position, pendant que le chef de la manœuvre, placé à droite des règles, amène le cylindre mobile A, au moyen du fil à plomb, exactement dans la verticale du point L. Pour cette opération, le plomb *a* (*fig.* 44) est terminé par un cône dont le sommet est dans la direction de l'axe du fil auquel il est suspendu. Ce fil est maintenu sur le cylindre A qui, comme le cylindre B, doit avoir en son milieu une rainure *a'*, dans laquelle la moitié du fil à plomb est engagée; c'est afin que l'axe du fil et celui du plomb se trouvent exactement sur l'arête du cylindre et soient sur la verticale exacte, que l'on fait passer par le milieu du piquet *p*, marquant l'extrémité de la ligne à mesurer. Le centre de ce piquet peut s'estimer à vue, mais il est plus exact de le marquer au moyen d'un clou à tête conique qu'on y enfonce, et l'on fait avancer le coulisseau *a'''* du cylindre mobile, jusqu'à ce que la pointe tombe exactement sur la tête du clou. Le chef de la manœuvre lit aussitôt sur la tige mobile la quantité dont il a dû la faire avancer pour obtenir ce résultat, et il inscrit sur son registre le nombre trouvé de millimètres; quant aux fractions, elles s'estiment à vue.

Ce registre est composé de trois colonnes : la première porte le numéro de la règle posée; la deuxième, la longueur de la règle; enfin la troisième, la longueur dont la règle a été allongée.

Pendant le temps qu'on emploie à poser la première règle, la seconde est placée à la suite par les deux autres aides; la première, étant alors prise pour repère, est tenue fixe et en équilibre.

La seconde règle se place avec les mêmes précautions que la première, ses pieds contre le cordeau et son extrémité à quelques centimètres de celle-ci. On la fixe en place en appuyant sur les pédales et en serrant les vis; elle est rendue horizontale au moyen du niveau qu'elle porte, après quoi on amène le cylindre mobile A en contact avec le cylindre fixe B.

Après la lecture et l'inscription de cette nouvelle observation, le chef de la manœuvre sépare les deux cylindres sans frottement, en faisant éprouver à la première règle un léger mouvement de recul dans la direction de sa longueur, et il pousse cette règle en dehors. Alors les deux aides l'enlèvent et la portent en avant de la deuxième avec les précautions déjà indiquées, et ainsi de suite, jusqu'à l'extrémité de la ligne à mesurer.

50. Après que la dernière règle a été mise en contact avec la précédente, elle dépasse généralement l'extrémité de la ligne à mesurer; le long de celle-ci, en Y (*fig.* 45), on laisse tomber un fil à plomb qui marque quel nombre de mètres et de fractions il faut ajouter aux règles entières pour avoir la longueur LM.

Supposons qu'on ait placé trente règles de 4 mètres, que la somme faite de toutes les languettes qui ont servi à leur réunion soit de $2^{m},51$, et qu'enfin la fraction de règle qu'il a fallu ajouter pour compléter la mesure, soit de $1^{m},53$; on aura pour la longueur totale,

$$4^{m} \times 30 + 2^{m},51 + 1^{m},53, \quad \text{ou} \quad 124^{m},03.$$

51. Quand le terrain sur lequel on opère est incliné ou inégal (*fig.* 46), et qu'on ne peut placer les règles à la même hauteur, on se sert d'un fil à plomb pour amener le cylindre mobile A de l'une des règles à être en contact avec la même verticale que le cylindre fixe B de la règle suivante. Dans ce cas, ce n'est pas la ligne LM, mais sa projection horizontale, que l'on mesure; en d'autres termes, on a la distance LM réduite à l'horizon.

52. Les règles ne sont employées en topographie que pour les opérations fondamentales qui exigent une grande précision (*). L'instrument usuel est la chaîne; c'est le seul dont on fasse usage dans les opérations ordinaires.

Du niveau à bulle d'air.

53. Nous avons dit qu'on s'assurait de l'horizontalité des règles au moyen d'un niveau à bulle d'air. Cet instrument se compose d'un tube de verre de forme à peu près cylindrique, dont l'axe est légèrement courbé, presque entièrement rempli d'alcool ou d'huile de naphte, fermé hermétiquement à ses deux bouts, et dans lequel on laisse un petit espace occupé par une bulle d'air.

Si, plaçant ce tube dans une position à peu près horizontale, la convexité de la courbure tournée vers le haut, on l'incline plus ou moins dans le sens de sa longueur, de telle manière cependant que la bulle n'atteigne pas les extrémités, le plan tangent à la surface du cylindre au point où le milieu de la bulle s'arrêtera, sera constamment horizontal dans les diverses positions du tube. C'est sur cette propriété qu'est fondé l'emploi du niveau à bulle d'air. Le tube dont il vient d'être question est renfermé dans une boîte en cuivre de forme cylindrique, échancrée de manière à laisser à découvert l'espace où doit s'arrêter la bulle. L'ensemble du tube et de sa garniture est fixé à demeure sur une petite plaque en cuivre (*fig.* 47). Cette plaque doit être horizontale lorsque la bulle s'arrête au milieu du tube, qui est indiqué par un trait sur le verre. Une vis placée à l'une des extrémités de la boîte cylindrique et une charnière à l'autre extrémité permettent de rétablir le

(*) Nous avons cru devoir indiquer les plus minutieux détails de l'opération, pour ceux de nos lecteurs qui se trouveraient dans l'impossibilité de prendre par eux-mêmes ou de voir prendre la mesure d'une base.

parallélisme entre le plan de la plaque et celui qui touche le cylindre au point marqué par le trait dans le cas où ce parallélisme viendrait à être troublé; on reconnaîtra que le parallélisme a été rétabli, si, retournant le niveau bout pour bout, la bulle a la même position apparente pour l'observateur supposé immobile, avant et après le retournement.

Pour reconnaître si un plan est horizontal, il suffit de placer le niveau sur ce plan dans deux directions rectangulaires, et si, dans les deux cas, la bulle s'arrête au milieu du tube, on sera certain de l'horizontalité du plan. Dans le cas des règles, il suffit évidemment de placer le niveau dans leur direction.

De la stadia.

54. La stadia est fondée sur l'une des propriétés les plus élémentaires des triangles semblables.

Soit AOB un angle constant (*fig.* 18), et supposons une règle graduée en parties égales se mouvant en restant parallèle à elle-même. Soient AB et ab deux positions de cette règle; les triangles AOB et aOb étant semblables, on a

$$\frac{OA}{Oa} = \frac{AB}{ab} \quad \text{et} \quad OA = \frac{Oa}{ab}\,AB,$$

d'où il suit que, si le rapport $\frac{Oa}{ab}$ est connu une fois pour toutes, on pourra déduire du nombre de divisions de la règle renfermées dans AB, la longueur de OA. Enfin, si la grandeur de l'angle constant et celle des divisions de la règle sont telles que le nombre de mètres de Oa soit précisément égal au nombre de divisions de ab, il suffira, pour évaluer la distance OA en mètres, de lire le nombre des divisions de la règle contenues dans AB. Tel est le principe de la stadia.

55. La stadia est une règle de bois dont la longueur varie de 3 à 4 mètres et qui est divisée en parties égales. Le complément de la stadia est une lunette dans l'intérieur de laquelle on dispose deux fils très-fins, parallèles et horizontaux. Si la distance de ces deux fils est égale à $\frac{3}{200}$ de la distance focale de la lunette à 200 mètres, et qu'on vise à cette distance déterminée avec précision sur un terrain uni, une stadia de 3 mètres placée verticalement, on aperçoit la stadia tout entière exactement comprise entre les fils. Alors la partie de la stadia qui représente 1 mètre a $0^{m},015$ de longueur. Par conséquent, si le nombre des divisions de la stadia est 200, pour mesurer une distance inférieure à 200 mètres, il suffira de placer la lunette à l'une des extrémités et de viser la stadia placée à l'autre extrémité. On comptera le nombre de divisions comprises entre les deux fils *mesureurs*, et l'on aura le nombre de mètres que renferme la distance qu'on veut évaluer.

Nous ne pourrions, sans sortir des limites de notre sujet, décrire ici les précautions délicates nécessaires pour étalonner une stadia, lorsque l'écartement des fils mesureurs de la lunette est donné, ou pour déterminer cet écartement, lorsqu'au contraire c'est la stadia qui est donnée toute divisée. Ceux des lecteurs qui voudraient avoir plus de détails devront consulter les traités spéciaux de géodésie et de topographie.

56. La stadia conduit à des mesures presque aussi exactes que la chaîne : elle a, en outre, sur elle le grand avantage de la célérité ; enfin elle est indispensable dans les pays de montagne, où le chaînage est souvent impossible.

Description et usage du cercle.

57. Le *cercle* est un instrument beaucoup plus parfait que le graphomètre. Il sert à mesurer l'angle formé par

deux plans verticaux, et, par conséquent, l'angle de deux rayons visuels réduit à l'horizon.

Le cercle se compose de trois parties bien distinctes : le pied, une partie fixe, une partie mobile.

58. Le pied est formé (*fig.* 48, 49, 50) d'une tablette en bois M portée par trois supports R à deux branches; une tige s la traverse normalement en son centre; un ressort à boudin, dont une extrémité est retenue sur la tige s par une chevillette s'', a son autre extrémité fixée à la base d'un cylindre s_1 qui enveloppe la tige s et le ressort. Le cylindre est porté par la tablette M. Le ressort à boudin tend à faire descendre la tige s dans le cylindre s_1.

59. La partie fixe se compose d'une pièce en cuivre K, qui porte à son centre une cavité S, dans laquelle vient s'engager la tête de la tige s; la pièce K s'appuie sur la tablette M par trois vis L, et est surmontée par un cylindre I, évidé en forme de cône tronqué. Le ressort à boudin, tendant à faire descendre la tige s, fixe l'appareil sur son pied.

60. La partie mobile est formée d'un goujon e, placé dans le cylindre I, et qui peut communiquer aux pièces mobiles un mouvement de rotation autour de son axe. Un cylindre HH, qui enveloppe le cylindre I et qui est fixé à la partie supérieure du goujon, porte à sa base un plateau circulaire W. Une vis de rappel X, engagée, d'une part, dans un collet lié invariablement au cylindre I, et d'autre part, dans un écrou fixé sur une pince qui peut saisir le bord du plateau W, à l'aide d'une vis V, permet de communiquer à ce plateau un mouvement lent, lorsque la vis V est serrée. Un limbe circulaire E, divisé en degrés et quarts de degré, est fixé au goujon.

Une lunette Q peut tourner autour d'un pivot P, porté par un anneau circulaire N qui embrasse le cylindre HH.

Un second anneau N′, embrassant également le cylindre HH, auquel il peut être lié à l'aide d'une vis Y, porte l'écrou z'' d'une vis Y′ qui passe dans un collet z_1 fixé à l'anneau N. La vis Y′, engagée ainsi dans le collet z_1 et dans l'écrou z'', lie entre eux les anneaux N et N′.

Il résulte de cette disposition que la lunette Q peut recevoir un mouvement rapide de rotation, indépendamment de celui du cylindre HH, lorsque la vis Y ne lie pas l'anneau N′ à ce cylindre; dans le cas contraire, la lunette Q ne peut avoir que le mouvement lent de la vis de rappel Y′ avec le mouvement général du limbe E et du plateau W.

Un diamètre D, terminé par des biseaux portant des verniers, tient à la tête du goujon par un petit cylindre d, lequel est maintenu par un chapeau f''; en sorte que la pièce D peut tourner indépendamment du limbe E. Un rayon $u_2 u_3$ faisant corps avec D porte un collet u_1; ce collet tient une vis de rappel U dont l'écrou $u''u'$ est fixé à une pince t qui peut saisir le bord du limbe E, à l'aide d'une vis T. Lorsque cette vis est serrée, les verniers D sont réunis au limbe E, et ne peuvent recevoir, par rapport à lui, que le mouvement lent de la vis U. Une équerre e, fixée sur le diamètre D, tient à l'aide de vis le support C d'une seconde lunette A dont l'axe optique est dans le plan de l'axe du goujon. La lunette A peut tourner autour d'un pivot B fixé au support C. Enfin, un niveau à bulle d'air G est porté par une plaque en cuivre F faisant corps avec le diamètre D.

61. Voici comment on doit se servir de l'instrument. Soient O la trace sur le sol de l'intersection des deux plans verticaux dont on veut mesurer l'angle, α et β deux points situés respectivement dans ces deux plans et qui en déterminent la position. On place le cercle de manière que son axe coïncide avec la verticale O, en faisant usage d'un fil à plomb, comme nous l'avons expliqué au n° 17, en par-

lant du graphomètre. Puis, à l'aide des vis L et du niveau G, on amène le limbe E à être horizontal. Les vis T, Y et V étant desserrées, on fait tourner le diamètre D, jusqu'à ce que les zéros des verniers coïncident à peu près avec les divisions o et 180 du limbe E. On serre la vis T, et, à l'aide du mouvement lent de la vis de rappel U, on obtient la coïncidence parfaite.

On fait ensuite tourner le plateau W, qui entraîne toute la partie mobile de l'instrument, jusqu'à ce que l'un des points α ou β, α par exemple, puisse être vu avec la lunette supérieure A en la faisant tourner autour de son pivot B; alors on serre la vis V, et, au moyen du mouvement lent de la vis de rappel X, on amène l'axe optique de la lunette à passer par le point α. On fait tourner l'anneau N' qui entraîne l'anneau supérieur N et, par suite, la lunette Q, jusqu'à ce que le même point α puisse être vu avec cette seconde lunette, en la faisant tourner autour de son pivot P. On serre la vis Y, et le mouvement lent qu'on peut produire par la vis de rappel Y' permet d'amener l'axe de la lunette à passer par le point.

On desserre la vis T et l'on fait tourner le diamètre D qui entraîne la lunette A sur le limbe, jusqu'à ce que le point β soit vu avec cette lunette en la faisant tourner autour de son pivot B; on serre la vis T, et le mouvement lent communiqué au diamètre D par la vis de rappel U permet d'amener l'axe optique de cette lunette à passer par le point β. On regarde si l'axe optique de la lunette inférieure passe toujours par le premier point. Si cela n'a pas lieu, on est averti que l'instrument a été dérangé, et il faut recommencer l'opération; dans le cas contraire, on lit les divisions du limbe E qui correspondent aux zéros des verniers; en retranchant de leur somme 180, et divisant le résultat par 2, on a l'angle cherché.

62. Si l'instrument était construit de telle manière que

la ligne des zéros des verniers passât constamment par le centre du limbe, la double lecture serait inutile; car alors la division indiquée par le vernier qui correspondait primitivement à zéro étant ω, pour l'autre vernier la division indiquée serait $\omega + 180^o$: la double lecture a pour but d'éviter les opérations délicates que l'on serait obligé de faire pour corriger l'instrument dans le cas où la condition énoncée ne serait pas remplie. C'est surtout en cela que consiste la supériorité du cercle sur le graphomètre.

La lunette inférieure Q ne sert, comme nous l'avons vu, que pour vérifier, à la fin de l'opération, que l'instrument ne s'est pas dérangé. Aussi construit-on beaucoup de cercles qui ne portent que la seule lunette supérieure.

63. Nous avons dit que le limbe E était divisé en degrés et en quarts de degré; c'est ordinairement la plus petite division employée. Le vernier permet d'évaluer des vingtièmes de division, ce qui donne les angles à 45 secondes près.

On peut obtenir une approximation plus grande en *répétant* les angles, c'est-à-dire en mesurant un angle double, triple, quadruple, etc., de celui qu'on veut évaluer. On conçoit alors que l'erreur de lecture pourra être rendue deux, trois, quatre, etc., fois moindre; mais, dans la plupart des cas, on néglige de faire cette répétition: aussi croyons-nous devoir nous borner à l'indication qui précède (*).

Réduction des angles aux centres des stations.

64. Il arrive souvent que le sommet C de l'angle ACB, qu'on veut mesurer (*fig.* 19), est un point inaccessible,

(*) Le cercle ne peut servir, comme on voit, qu'à faire connaître les angles horizontaux; il suffit pour l'objet que nous avons en vue. Quand on a besoin de mesurer des angles verticaux, on se sert d'un autre instrument appelé *théodolite*. Le théodolite n'est autre chose qu'un cercle dans lequel un limbe vertical est fixé au support de la lunette supérieure.

comme le centre d'une tour ou d'un clocher; alors on place l'instrument en un point voisin O où l'on puisse stationner, et l'on mesure l'angle AOB : l'opération par laquelle on déduit de cette mesure la valeur de l'angle cherché, est dite *réduction de l'angle au centre de station*. Voici comment on peut l'effectuer.

Soit I le point d'intersection des droites CB et OA. Dans le cas de la *fig*. 19, les points A et B sont situés d'un même côté de CO; alors les triangles AIC et BIO ayant un angle commun en I, on a

$$\mathrm{CAO} + \mathrm{ACB} = \mathrm{CBO} + \mathrm{AOB},$$

d'où

$$\mathrm{ACB} = \mathrm{AOB} + \mathrm{CBO} - \mathrm{CAO};$$

et la question sera résolue, si l'on peut obtenir les angles CBO et CAO.

Dans le triangle CBO, on a la proportion,

$$\frac{\mathrm{CO}}{\mathrm{CB}} = \frac{\sin \mathrm{CBO}}{\sin \mathrm{COB}},$$

d'où

$$\sin \mathrm{CBO} = \frac{\mathrm{CO}}{\mathrm{CB}} \sin \mathrm{COB};$$

on a de même, par le triangle CAO,

$$\sin \mathrm{CAO} = \frac{\mathrm{CO}}{\mathrm{CA}} \sin \mathrm{COA},$$

et, en divisant par sin 1″, il vient

$$\frac{\sin \mathrm{CBO}}{\sin 1''} = \frac{\mathrm{CO}}{\mathrm{CB}} \cdot \frac{\sin \mathrm{COB}}{\sin 1''}, \quad \frac{\sin \mathrm{CAO}}{\sin 1''} = \frac{\mathrm{CO}}{\mathrm{CA}} \frac{\sin \mathrm{COA}}{\sin 1''}.$$

Or les angles CBO et CAO sont, en général, assez petits pour qu'on puisse remplacer $\frac{\sin \mathrm{CBO}}{\sin 1''}$ et $\frac{\sin \mathrm{CAO}}{\sin 1''}$ par les rapports des angles CBO et CAO à l'angle de 1″; par conséquent, les valeurs des angles CBO et CAO en secondes seront données par les formules

$$\text{CBO} = \frac{\text{CO}}{\text{CB}}\,\frac{\sin \text{COB}}{\sin 1''},\quad \text{CAO} = \frac{\text{CO}}{\text{CA}}\,\frac{\sin \text{COA}}{\sin 1''};$$

on aura donc, pour la valeur de l'angle ACB,

$$\text{ACB} = \text{AOB} + \text{CO}\left(\frac{\sin \text{COB}}{\text{CB} \sin 1''} - \frac{\sin \text{COA}}{\text{CA} \sin 1''}\right).$$

Ainsi, pour connaître l'angle ACB, il faut mesurer l'un des angles COB, COA et la longueur CO. Il est nécessaire aussi de connaître CB et CA; mais l'opération devient inutile si l'on n'a pas besoin d'une très-grande précision, et si la distance CO est très-petite. La formule précédente fait voir, en effet, que dans ce cas on a sensiblement ACB = AOB.

65. Exemple. — On a

$$\text{AOB} = 35^\circ 43' 30'',\quad \text{COA} = 86^\circ 45' 10'',\quad \text{COB} = 180^\circ - (57^\circ 31' 20''),$$

$$\text{CO} = 8^{m},5,\quad \text{CA} = 2182^{m},5,\quad \text{CB} = 1883^{m},5.$$

Calcul de CBO.		*Calcul de* CAO.	
$\text{CBO} = \frac{\text{CO}}{\text{CB}}\,\frac{\sin \text{COB}}{\sin 1''}.$		$\text{CAO} = \frac{\text{CO}}{\text{CA}}\,\frac{\sin \text{COA}}{\sin 1''}.$	
log 8,5	0,9294189	log 8,5	0,9294189
compl log 1883,5.	6,7250344	compl log 2182,5.	6,6610457
log sin (57°31′20″).	9,9261365	log sin (86°45′10″).	9,9993021
compl log sin 1″...	5,3144251	compl log sin 1″...	5,3144251
log CBO	2,8950149	log CAO	2,8041918
CBO = 785″,26,		CAO = 637″,08,	

$$\text{ACB} = 35^\circ 43' 30'' + (785,26 - 637,08)'' = 35^\circ 45' 58'',18.$$

Remarque. — Si les deux points A et B sont de côté et d'autre de CO, la formule

$$\text{ACB} = \text{AOB} + \text{CBO} - \text{CAO}$$

doit être remplacée par

$$\text{ACB} = \text{AOB} \pm (\text{CBO} + \text{CAO}),$$

ainsi qu'on s'en assure aisément.

QUATRIÈME LEÇON.

LEVER DES PLANS.

Mesure et calcul d'un réseau de triangles. — Type des calculs d'une triangulation. — Comment on rattache les points secondaires au réseau principal. — Tracé du plan sur le papier. — De la planchette. — Lever à la planchette. — De la boussole. — Lever à la boussole.

Mesure et calcul d'un réseau de triangles.

66. La trigonométrie et les instruments de précision dont nous venons de parler, permettent d'obtenir dans les levers une exactitude beaucoup plus grande que celle qu'on peut attendre des procédés décrits dans la première leçon. La première opération à exécuter, quand on se propose de faire le lever d'un terrain uni, consiste à déterminer les positions des points principaux de ce terrain. Pour cela, il suffit de mesurer une base dont on puisse apercevoir les points principaux du terrain, d'imaginer ensuite ces points joints aux extrémités de la base par des droites, et de mesurer, avec le cercle, les trois angles de chacun des triangles qui en résultent. Calculant ensuite les côtés de ces triangles par la trigonométrie, on aura toutes les données nécessaires à la détermination des points considérés sur le terrain. L'opération dont nous venons de parler s'appelle une *triangulation*, et l'ensemble des triangles un *réseau*.

Ayant calculé ainsi les éléments des triangles qui constituent le réseau, on aura facilement les longueurs des droites qui unissent deux à deux les sommets de ces triangles, et l'on pourra prendre ces droites pour *bases secon-*

daires, à l'effet de déterminer d'autres points du terrain qui ne pourraient être vus des extrémités de la base, si l'on veut agrandir le *réseau*.

67. La marche que nous venons d'indiquer pour déterminer les positions des divers points du terrain, s'offre immédiatement à l'esprit; mais, dans la pratique, on a jugé nécessaire de lui faire subir des modifications. Nous allons donner, à ce sujet, quelques développements essentiels.

Dans le réseau dont il a été question au n° 66 les côtés des triangles sont déterminés par le calcul, à l'exception d'un seul, qui est mesuré directement ainsi que tous les angles. On peut admettre que la base a été mesurée exactement, mais les angles sont entachés d'erreurs plus ou moins grandes, suivant la précision des instruments employés; d'où il suit que les côtés déterminés par le calcul seront aussi affectés d'erreurs. Et, si ces côtés viennent ensuite à être pris pour bases secondaires, les triangles qu'on calculera par leur secours seront encore plus fautifs que les premiers. Ces considérations ont conduit à chercher quelles étaient les meilleures conditions des triangles qui doivent former le réseau, et l'on a trouvé que la forme équilatère est la préférable au point de vue des erreurs. Sans doute, il est impossible de réaliser complétement cette condition, mais il importe de ne s'en écarter que le moins possible, et l'on n'admet jamais dans un réseau un triangle ayant un angle au-dessous de 30 degrés.

68. Nous allons maintenant faire connaître la méthode généralement usitée pour former un réseau de triangles.

On commence par étudier le terrain qu'on se propose de lever, et l'on choisit un point central O (*fig.* 20) qui puisse être vu de loin, comme la pointe d'un clocher ou un signal placé sur un bâtiment élevé, ou même un simple jalon muni d'un signal, si le terrain est découvert. On choisit ensuite, en deçà des limites du lever, six ou sept points ou plus, A, B,..., desquels on puisse apercevoir le point O, et tels que les triangles ABO, BCO,..., s'approchent le plus possible de la forme équilatérale, ou du moins n'aient aucun angle au-dessous de 30 degrés. Un observateur tant soit peu exercé parvient facilement à remplir cette condition à la simple inspection des lieux.

Le polygone ABCD... doit, autant que possible, être choisi de manière qu'un de ses côtés puisse être mesuré directement et pris pour base. Si cependant la nature du terrain ne le permettait pas, on mesurerait une base qui pût être rattachée à l'un des côtés du polygone, AB par exemple, par un ou deux triangles au plus, et le calcul de ces triangles ferait connaître la valeur numérique de AB.

69. Le côté AB du polygone étant connu, et les sommets marqués à l'aide d'une perche ou d'un jalon muni d'un signal, on stationne successivement en chacun de ces sommets. Au point A on mesure les angles OAB et OAG, au point B, les angles OBA et OBC,...; enfin, au dernier point G, les angles OGF et OGA. De ces mesures on conclut facilement chacun des angles en O, qu'il est alors inutile de mesurer directement, si les angles observés ont été déterminés avec une exactitude suffisante. On s'assurera de cette exactitude en additionnant tous les angles observés, et comparant la somme avec celle des angles du polygone qui est connue d'avance. La différence entre la seconde et la première de ces deux sommes divisée par le double du nombre des côtés du polygone sera l'erreur moyenne des observations. Si cette erreur moyenne surpasse celle qu'on doit attendre de l'instrument employé, il faut recommencer

l'opération qui n'a pas été faite avec une exactitude suffisante; dans le cas contraire, on peut considérer les observations comme exactes et se dispenser de la mesure directe des angles en O, mais alors on augmente chaque angle observé de l'erreur moyenne dont nous venons de parler.

70. Les mesures une fois prises avec les corrections qu'on vient d'indiquer, il reste à faire le calcul des triangles. Le premier triangle ABO fera connaître AO et BO; le second triangle donnera BC et CO; le troisième CD et DO, etc.; enfin le dernier donnera AG et AO. Ici on a un moyen de vérification des opérations, car la valeur du côté AO donnée par le dernier triangle doit être la même que celle qui est donnée par le premier. Les calculs que nous venons d'indiquer offrent encore une autre vérification des observations qu'il ne faut pas dédaigner. Elle est fondée sur le théorème suivant :

Si l'on joint les sommets d'un polygone fermé ABCDEFG *à un point intérieur* O, *et que l'on numérote à partir de* 1 *les angles à la base des triangles* ABO, BCO, etc., *dans l'ordre où ils se présentent, quand on parcourt le polygone toujours dans le même sens, à partir d'un sommet quelconque* A, *le produit des sinus des angles de rang pair est égal au produit des sinus des angles de rang impair.*

En effet, les triangles AOB, BOC, etc., donnent

$$\frac{OA}{OB}=\frac{\sin(2)}{\sin(1)},\quad \frac{OB}{OC}=\frac{\sin(4)}{\sin(3)},\quad \frac{OC}{OD}=\frac{\sin(6)}{\sin(5)},\quad \frac{OD}{OE}=\frac{\sin(8)}{\sin(7)},$$

$$\frac{OE}{OF}=\frac{\sin(10)}{\sin(9)},\quad \frac{OF}{OG}=\frac{\sin(12)}{\sin(11)},\quad \frac{OG}{OA}=\frac{\sin(14)}{\sin(13)};$$

et, en multipliant membre à membre,

$$\frac{\sin(2)\sin(4)\sin(6)\sin(8)\sin(10)\sin(12)\sin(14)}{\sin(1)\sin(3)\sin(5)\sin(7)\sin(9)\sin(11)\sin(13)}=1;$$

ce qu'il fallait démontrer. On déduit de là

$$\log \sin (1) + \log \sin (3) + \ldots + \log \sin (13)$$
$$= \log \sin (2) + \log \sin (4) + \ldots + \log \sin (14).$$

Tous ces logarithmes ont été pris dans la Table; on les substituera dans l'égalité précédente, et, si la différence des deux membres est trop considérable, on devra en conclure que les observations n'ont pas été suffisamment bien faites.

71. Ce premier réseau de triangles ainsi mesurés et calculés, on peut considérer chaque côté du *canevas* polygonal ABCDEFG, comme pouvant à son tour servir de base pour la détermination de nouveaux points du terrain; mais il faudra toujours, pour ces déterminations, choisir comme bases ceux des côtés du polygone qui sont susceptibles de donner les meilleurs triangles. On pourra, par ce procédé, déterminer les positions exactes d'autant de points du terrain que l'on voudra.

72. Les angles observés doivent être inscrits sur un carnet de poche, dans lequel on destine pour chaque triangle le verso d'une page et le recto de la page suivante. Sur le verso, on inscrit la désignation du triangle par les trois lettres des sommets, puis au-dessous on marque les observations des angles. Sur le recto, on fait le croquis du triangle, et l'on dessine au-dessous le repèrement des points de station par rapport aux points fixes voisins, afin de pouvoir retrouver les points de station, dans le cas où les piquets qui les signalent auraient été arrachés.

Autant que possible, on doit choisir les différents points de station, de manière qu'on puisse observer des centres mêmes des stations, afin d'éviter l'opération de la réduction des angles (*voir* n° 64).

Type des calculs d'une triangulation.

73. Nous croyons devoir présenter ici le type des calculs d'une triangulation. Les bases des six triangles dont le sommet est en O forment l'ensemble du polygone principal. Voici le calcul détaillé des six triangles qui composent ce polygone, avec les éléments observés et calculés des six autres triangles indiqués dans la *fig.* 21 :

Triangulation de..... (fig. 21).

Triangle ABO
Base mesurée AB = $941^m,60$

$$
\begin{aligned}
A &= 70^\circ 21' 40'' \\
B &= 72^\circ \ 3' 30'' \\
O &= \underline{37^\circ 34' 50''} \\
& \ \ \ 180^\circ \ 0' \ 0''
\end{aligned}
$$

$$\frac{AO}{\sin 72^\circ 3' 30''} = \frac{BO}{\sin 70^\circ 21' 40''} = \frac{AB}{\sin 37^\circ 34' 50''}.$$

log AB.........	2,9738664
log sin 72° 3′ 30″.....	9,9783497
compl log sin 37° 34′ 50″.....	0,2147583
log AO.........	3,1669744
AO =	$1468^m,84$
log AB.........	2,9738664
log sin 70° 21′ 40″.....	9,9739723
compl log sin 37° 34′ 50″.....	0,2147583
log BO.........	3,1625970
BO =	$1454^m,11$

Triangle BCO $B = 56°32'50''$
$BO = 1454^m,11$ $C = 76°12'10''$
$O = 47°15'0''$
$180°0'0''$

$$\frac{BC}{\sin 47°15'0''} = \frac{CO}{\sin 56°32'50''} = \frac{BO}{\sin 76°12'10''}.$$

log BO........	3,1625970
log sin 47° 15′ 0″.....	9,8658868
compl log sin 76° 12′ 10″.....	0,0127155
log BC.........	3,0411993
BC =	$1099^m,51$
log BO........	3,1625970
log sin 56° 32′ 50″.....	9,9213433
compl log sin 76° 12′ 10″.....	0,0127155
log CO.........	3,0966558
CO =	$1249^m,27$

Triangle CDO $C = 46°29'20''$
$CO = 1249^m,27$ $D = 54°43'40''$
$O = 78°47'0''$
$180°0'0''$

$$\frac{CD}{\sin 78°47'0''} = \frac{DO}{\sin 46°29'20''} = \frac{CO}{\sin 54°43'40''};$$

log CO........	3,0966558
log sin 78° 47′ 0″.....	9,9916241
compl log sin 54° 43′ 40″.....	0,0880876
log CD.........	3,1763675
CD =	$1500^m,95$
log CO.........	3,0966558
log sin 46° 29′ 20″.....	9,8604823
compl log sin 54° 43′ 40″.....	0,0880876
log DO.........	3,0452257
DO =	$1109^m,75$

Triangle DEO	D =	84°55′40″
DO = 1109m,75	E =	47°54′30″
	O =	47° 9′50″
		180° 0′ 0″

$$\frac{ED}{\sin 47°9'50''} = \frac{EO}{\sin 84°55'40''} = \frac{DO}{\sin 47°54'30''}.$$

log DO......... 3,0452257
log sin 47° 9′50″..... 9,8652826
compl log sin 47°54′30″..... 0,1295532

log ED......... 3,0400615
ED = 1096m,63

log DO......... 3,0452257
log sin 84°55′40″..... 9,9982960
compl log sin 47°54′30″..... 0,1295532

log EO......... 3,1730749
EO = 1489m,62

Triangle EFO	E =	39°12′20″
EO = 1489m,62	F =	86°30′30″
	O =	54°17′10″
		180° 0′ 0″

$$\frac{EF}{\sin 54°17'10''} = \frac{FO}{\sin 39°12'20''} = \frac{EO}{\sin 86°30'30''}.$$

log EO......... 3,1730749
log sin 54°17′10″..... 9,9095250
compl log sin 86°30′30″..... 0,0008069

log EF......... 3,0834068
EF = 1211m,73

log EO......... 3,1730749
log sin 39°12′20″..... 9,8007888
compl log sin 86°30′30″..... 0,0008069

log FO......... 2,9746706
FO = 943m,34

Triangle AFO $\quad A = 31°13'50''$

$FO = 943^m,34 \quad F = 53°50'\ 0''$

$O = 94°56'10''$

$180°\ 0'\ 0''$

$$\frac{AF}{\sin 94°56'10''} = \frac{AO}{\sin 53°50'0''} = \frac{FO}{\sin 31°13'50''}.$$

log FO.........	2,9746706
log sin 94° 56' 10''.....	9,9983863
compl log sin 31° 13' 50''.....	0,2852654
log AF.........	3,2583223
AF =	1812^m,68
log FO.........	2,9746706
log sin 53° 50' 0''....	9,9070370
compl log sin 31° 13' 50''.....	2,2852654
log AO.........	3,1669730
AO =	1468^{m}83

(AO, côté déjà fourni par le premier triangle, vérification [*].)

(*) Ces détails sont empruntés aux Leçons lithographiées de M. le chef de bataillon Bichot, commandant de la brigade topographique du génie.

TRIANGLES.	ANGLES.	COTÉS.
ABG	A = 86° 39′ 40″ B = 28.42.50 G = 64.37.30 180. 0. 0	BG = 1040,37 m AG = 500,68 AB = 941,60
ABH	A = 52.57.20 B = 65.51.00 H = 61.11.40 180. 0. 0	BH = 857,69 AH = 980,52 AB = 941,60
CDI	C = 45.56.10 D = 33.59.20 I = 100. 4.30 180. 0. 0	DI = 1095,43 CI = 852,22 CD = 1500,95
DIJ	D = 66.36.10 I = 44.15.00 J = 69. 8.50 180. 0. 0	IJ = 1075,82 DJ = 817,95 DI = 1095,43
DEK	D = 33.55.00 E = 28.12.40 K = 117.52.20 180. 0. 0	EK = 692,21 DK = 586,43 DE = 1096,63
EKL	E = 47.52.30 K = 50.49.00 L = 81.18.30 180. 0. 0	KL = 519,36 EL = 542,78 EK = 692,21

Comment on rattache les points secondaires au réseau principal.

74. Quand le réseau d'une triangulation est construit, on y rattache certains points remarquables dits *points secondaires*, d'où l'on peut voir deux côtés successifs du réseau sous des angles convenables, par la méthode du n° 20. Plus on multipliera ces points secondaires, plus on assurera l'exactitude de l'ensemble.

Nous ne reviendrons pas sur la solution graphique du problème du n° 20, mais nous présenterons ici la solution trigonométrique.

75. Problème. — *Trois points a, b, c (fig. 5) sont situés sur un terrain uni, et l'on demande d'y retrouver le point m, d'où les distances ab et bc ont été vues sous des angles α et β qu'on a déterminés.*

Soient $ab = a$, $bc = b$, et prenons pour inconnues les angles $mab = x$ et $mcb = y$. Les triangles amb et cmb donnent

$$bm = \frac{a \sin x}{\sin \alpha}, \quad bm = \frac{b \sin y}{\sin \beta},$$

d'où

$$\frac{a \sin x}{\sin \alpha} = \frac{b \sin y}{\sin \beta},$$

et

$$\frac{\sin x}{\sin y} = \frac{b \sin \alpha}{a \sin \beta}.$$

Soit φ un angle auxiliaire tel que

$$\tang \varphi = \frac{b \sin \alpha}{a \sin \beta};$$

on aura

$$\frac{\sin x}{\sin y} = \tang \varphi,$$

d'où

$$\frac{\sin x - \sin y}{\sin x + \sin y} = \frac{\operatorname{tang}\varphi - 1}{\operatorname{tang}\varphi + 1},$$

ou (*voir* le *Traité de Trigonométrie*, n° 44)

$$\frac{\operatorname{tang}\frac{1}{2}(x-y)}{\operatorname{tang}\frac{1}{2}(x+y)} = \frac{\operatorname{tang}\varphi + \operatorname{tang}45^\circ}{1+\operatorname{tang}\varphi\operatorname{tang}45^\circ} = \operatorname{tang}(\varphi - 45^\circ).$$

On a d'ailleurs, en désignant par ω l'angle abc,

$$x + y = 360^\circ - \alpha - \beta - \omega,$$

donc

$$\operatorname{tang}\tfrac{1}{2}(x-y) = \operatorname{tang}(\varphi - 45^\circ)\operatorname{tang}\left(180^\circ - \frac{\alpha+\beta+\omega}{2}\right).$$

A l'aide de cette formule, on calculera l'angle $\frac{1}{2}(x-y)$, et comme $x+y$ est connu, on aura les angles x et y qui déterminent la position du point m.

Remarque. — Si l'un des facteurs de $\operatorname{tang}\frac{1}{2}(x-y)$ est nul sans que l'autre soit infini, les angles x et y sont égaux entre eux. Mais si le second facteur est infini, le premier est nul et la valeur de $\operatorname{tang}\frac{1}{2}(x-y)$ se présente sous la forme $\frac{0}{0}$. On peut vérifier que, dans ce cas, le problème est effectivement indéterminé. En effet, la condition pour que

$$\operatorname{tang}\left(180^\circ - \frac{\alpha+\beta+\omega}{2}\right)$$

soit infinie est que

$$\alpha + \beta + \omega = 180^\circ,$$

c'est-à-dire que le quadrilatère $abcm$ soit inscriptible; par conséquent, les deux segments capables des angles α et β construits sur ab et bc respectivement, et dont l'intersection détermine le point m, coïncident. Alors $\operatorname{tang}(\varphi - 45^\circ)$ est nulle. En effet, $\operatorname{tang}\varphi = \frac{b}{\sin\beta} : \frac{a}{\sin\alpha}$; mais $\frac{b}{\sin\beta}$ et $\frac{a}{\sin\alpha}$ sont les diamètres des cercles circonscrits aux triangles abm

et *acm*, et puisque ces deux cercles coïncident, on a

$$\tang \varphi = 1, \quad \text{par suite} \quad \varphi = 45^\circ, \quad \text{et} \quad \tang(\varphi - 45^\circ) = 0.$$

Tracé du plan sur le papier.

76. Quand la triangulation d'un lever est terminée, il ne reste plus qu'à tracer le plan sur le papier ou à dessiner la carte. Pour cela, on rapporte à l'échelle adoptée les différents triangles qui composent le réseau et dont tous les éléments ont été calculés, en faisant usage de la règle, de l'équerre et du rapporteur dont nous avons parlé aux n°s 4, 5 et 6.

On a ainsi la représentation sur la carte des points principaux du terrain. Il faut y rapporter ensuite les détails. Le lever des détails s'effectue généralement à l'aide de la planchette ou de la boussole, d'après les procédés que nous allons indiquer.

De la planchette.

77. La planchette est une tablette rectangulaire ou carrée supportée par un trépied (*fig.* 51). La tablette a de 0^m,40 à 0^m,60 de côté et 0^m,015 d'épaisseur environ. Dans les opérations qui exigent une grande exactitude, on se sert d'une planchette dont la tablette est réunie au trépied par un assemblage appelé *genou*. Cet assemblage, dont la description ne pourrait donner qu'une idée imparfaite, et qu'on comprend de suite en le maniant, permet de placer plus facilement la tablette dans un plan horizontal. Pour cela, le trépied ayant été fixé, il suffit de faire tourner successivement la tablette autour de deux axes horizontaux perpendiculaires entre eux. Si la planchette est dépourvue de genou, il est nécessaire de déplacer les pieds pour amener la tablette à être horizontale. On vérifie l'horizontalité à l'aide d'un niveau à bulle d'air. Dans tous les cas, un axe verti-

cal fixé à la tablette permet de la faire tourner dans son plan, et une vis de pression donne le moyen de la fixer.

Le complément de la planchette est l'alidade à pinnules ou à lunettes. Nous avons donné la description de la première au n° 15.

78. L'alidade à lunettes est formée d'une règle de bois ou de cuivre, au milieu de laquelle une tige verticale supporte une lunette à réticules, qui peut tourner autour d'un axe horizontal perpendiculaire à la règle.

79. On nomme plan de *collimation* le plan qui passe par les fils des pinnules, ou, s'il s'agit de l'alidade à lunettes, celui qui est décrit par la ligne des réticules. Ce plan doit être parallèle à l'une des arêtes de l'alidade. Quelquefois même, cette arête est toute entière contenue dans le plan de collimation. Dans tous les cas, elle prend le nom de *ligne de foi*. Pour vérifier si la condition du parallélisme est remplie, on place l'alidade sur le bord d'un plan horizontal d'une assez grande étendue, on vise un objet A quelconque, on tire un trait le long de la ligne de foi, et on le prolonge jusqu'au bord opposé du plan. En plaçant l'alidade à l'autre extrémité de cette ligne, et du même côté, on doit apercevoir l'objet A.

80. Quand on fait usage de l'alidade à lunettes, il faut s'assurer que l'axe de rotation est bien perpendiculaire à la ligne des réticules. Pour cela, on place l'alidade sur un plan horizontal, et l'on vise un point éloigné A; on tire un trait au crayon le long de la ligne de foi, puis on dévisse la lunette, on la retourne bout pour bout et on la revisse; on replace l'alidade de manière que la règle soit à droite du trait si elle était à gauche, ou inversement: dans cette seconde position, l'objet A doit être sur la ligne des réticules. Si cette condition n'est pas remplie, au moyen

de vis qui font mouvoir les réticules, on modifie convenablement l'instrument.

81. La planchette peut servir à mesurer les angles. Soit en effet BAC l'angle qu'on veut évaluer : on place l'instrument de manière que la tablette soit horizontale et que le sommet A de l'angle s'y projette en l'un de ses points *a*; on fait passer la ligne de foi de l'alidade par ce point; on l'amène ensuite à coïncider *successivement* avec les deux côtés de l'angle en la faisant tourner autour du point *a*, et dans chaque position on tire un trait le long de la ligne de foi. L'angle cherché est celui des deux traits; on peut l'évaluer, si l'on veut, à l'aide du *rapporteur*.

Lever à la planchette.

82. Les instruments employés pour le lever à la planchette sont la chaîne, une alidade et une planchette sur la tablette de laquelle on a collé une feuille de papier destinée à recevoir la carte minute. Deux méthodes peuvent être employées.

Première méthode, dite *par cheminements*. — Pour faire le lever à la planchette des points A, B, C, D, E d'un terrain (*fig.* 22), les verticales de ces points étant figurées par des jalons qui y sont plantés, on met la planchette à la place du jalon qui est en A; la tablette est rendue horizontale, et l'on marque sur le papier, à l'aide d'une aiguille qu'on y enfonce, la projection *a* du point A. On place l'alidade de manière que sa ligne de foi soit appliquée contre l'aiguille, puis on la fait tourner jusqu'à ce que sa ligne de visée rencontre successivement les verticales des points B, C, D, E, F; et, dans chaque position de l'alidade, on tire un trait le long de sa ligne de foi. En rapportant sur ces lignes à l'échelle adoptée les longueurs AB, AC, AD, AE, AF, mesurées avec la chaîne, on aura les points a, b, c, d, e, f, qui seront, sur la carte, les homologues des points A, B, C, D, E, F.

83. *Deuxième méthode,* dite *des intersections.* — Après avoir tracé sur le papier (*fig.* 22) les lignes $a\beta$, $a\gamma$,..., qui marquent les différentes positions données à la ligne de foi de l'alidade, on rapporte à l'échelle AB en ab sur la première. Ensuite on transporte la planchette de manière que le point b soit sur la verticale de B, et on l'*oriente* au moyen de la boussole, comme il sera dit plus loin, ou bien en faisant coïncider la ligne de foi de l'alidade avec le trait ab, et faisant tourner la tablette jusqu'à ce que la ligne de visée rencontre la verticale du point A. Cela fait, on place la ligne de foi de l'alidade contre l'aiguille que l'on a d'abord plantée en b, et l'on fait tourner l'alidade de manière que sa ligne de visée rencontre successivement les verticales des points C, D, E, F; les positions de la ligne de foi sont marquées par les traits $b\gamma'$, $b\delta'$, $b\varepsilon'$. Les points d'intersection c, d, e, f de ces lignes et des premières $a\gamma$, $a\delta$, $a\varepsilon$, ainsi que les points a, b, forment le lever du terrain.

84. Les constructions que nous venons d'indiquer sont tellement délicates, qu'il faut toujours recourir à des vérifications. Ainsi, un point du lever ayant été obtenu, soit par la méthode de cheminement, soit par celle des intersections, pour vérifier sa position, il faudra déterminer de nouveau ce point par l'une des deux méthodes, en se servant d'un nouveau sommet du contour ou d'une nouvelle base.

De la boussole.

85. La *boussole* (*fig.* 52) consiste en une aiguille aimantée portée sur un pivot par une chape en agate et enfermée dans une boîte carrée recouverte d'un verre. Le fond de la

boîte est garni d'un limbe en papier divisé en degrés et dont le centre est la projection de celui de l'aiguille. L'un des côtés de la boîte peut servir de règle et prend le nom de *ligne de foi*. Pour éviter, dans les voyages, que la pointe du pivot ne soit émoussée par le choc de l'aiguille, un levier coudé soulève celle-ci et la tient pressée contre le verre dès qu'on ferme la boîte.

86. La boussole donne le moyen d'*orienter* la planchette, c'est-à-dire de la placer dans diverses positions parallèles. Elle peut aussi servir à mesurer les angles.

La planchette étant dans une première position, on place la boîte sur le bord, de manière que l'aiguille vienne au zéro du limbe, on tire un trait le long de la ligne de foi; la planchette étant ensuite transportée dans un autre lieu, on place la boussole de manière qu'elle occupe, par rapport au trait, la même position que primitivement, et l'on fait tourner la tablette jusqu'à ce que l'aiguille revienne au zéro du limbe : alors la planchette est parallèle à sa première position, et l'on dit qu'elle est *orientée*.

87. Lorsque la boussole est destinée à mesurer les angles, elle porte un niveau à bulle d'air sur l'un de ses côtés; une petite lunette est placée le long de la ligne de foi; la boîte est en outre réunie à un trépied par un genou à coquille semblable à celui du graphomètre décrit au n° 16. Pour mesurer la distance angulaire de deux points A et B (*fig.* 23), on place la boussole de manière que la boîte soit horizontale, et que le centre O coïncide avec le sommet de l'angle; ensuite on la fait tourner autour de son centre jusqu'à ce que l'axe de la lunette passe par l'un des points A : l'aiguille aimantée prend alors une position *ca* et coïncide avec une division α du limbe; on fait tourner de nouveau la boîte jusqu'à ce que l'axe de la lunette passe par le second point B, l'aiguille conserve toujours la même direc-

tion et coïncide avec une seconde division β du limbe; l'angle $\beta - \alpha$ ou $\alpha - \beta$ est égal à l'angle ACB et peut être pris pour l'angle AOB, à cause de la petite distance OC. (*Voir* n° 64.)

Lever à la boussole.

88. Dans le lever à la boussole, on mesure les angles formés par les plans verticaux qui passent par les lignes tracées sur le terrain avec le plan vertical de l'aiguille aimantée; ce dernier plan a une direction sensiblement constante pour tous les points d'un terrain peu étendu.

Pour mesurer l'un de ces angles, celui que forme le plan P par exemple, avec le plan vertical de l'aiguille, on place la boussole de manière que le point autour duquel tourne la lunette soit dans le plan P. La boîte de la boussole étant rendue horizontale à l'aide du genou et du niveau qu'elle porte, on la fait tourner autour de l'axe du genou, jusqu'à ce que l'axe de la lunette soit tout entier dans le plan P; ce dont on est assuré lorsqu'un point de la trace de ce plan sur le sol est vu dans la lunette sur l'axe des réticules. Comme la direction de la ligne qui passe par les divisions 0 et 180 de la boîte est parallèle à la trace du plan P sur le limbe, l'angle formé par cette droite avec l'aiguille qui est immédiatement donné par la division du limbe est l'inclinaison cherchée.

89. Pour relever un contour DABCE (*fig.* 24), on placera la boussole successivement en A, B, C,...; AM_1, BM_2, CM_3,..., étant les traces des plans verticaux qui passent par l'aiguille dans les diverses positions de la boussole, ces lignes seront parallèles: on mesurera, comme il a été dit, les angles DAM_1, BAM_1, ABM_2, CBM_2, BCM_2, ECM_2, et, comme vérification, on doit trouver que les angles BAM_1, CBM_2 sont les suppléments des angles ABM_2,

CBM_2 ; on mesurera ensuite, avec la chaîne, les longueurs DA, AB, BC, CE.

On tracera sur le papier destiné à recevoir le lever une droite *am* pour représenter la direction fixe de la trace du plan vertical passant par l'aiguille de la boussole; en un point *a* de cette ligne, on fera des angles *dam*, *mab* respectivement égaux aux angles DAM_1, BAM_1; on prendra sur les côtés de ces angles des longueurs *ad*, *ab*, qui représentent à l'échelle adoptée AD et AB; on mènera par le point *b* une droite formant avec *am* un angle égal à CBM_2, et l'on prendra sur cette droite une longueur *bc*, qui représente à l'échelle la ligne BC, et continuant ainsi, on formera le lever du contour.

CINQUIÈME LEÇON.

LEVER D'UN PAYS DE MONTAGNES.

Réduction de la base à l'horizon. — Table pour la réduction des bases à l'horizon. — Réduction des angles à l'horizon. — Détermination des différences de niveau. — Du niveau d'eau. — De la mire. — Du nivellement.

90. Nous avons supposé, dans tout ce qui précède, qu'on opérait sur un terrain sensiblement horizontal. Lorsque le terrain est incliné ou inégal, le lever consiste à construire une figure semblable à la projection horizontale des différents points du terrain.

Mais comme cette projection est insuffisante pour déterminer complétement le terrain, on mesure les hauteurs des points qu'on y considère par rapport au plan de projection, qui prend alors le nom de *surface de niveau* ou *plan de niveau*. Ces hauteurs sont appelées *cotes*, et l'opération par laquelle on détermine les cotes est un *nivellement*. Comme on peut prendre pour plan de niveau le plan horizontal qui passe par l'un des points de la surface du terrain, on n'a à mesurer que des *différences de niveau*.

On voit que le lever d'un pays de montagnes doit se faire de la même manière que celui d'un terrain uni; la seule différence est qu'il faudra réduire à l'horizon la base et les angles observés, et même cette réduction sera naturellement effectuée, si l'on fait usage du cercle pour mesurer les angles et des règles pour mesurer la base. Alors, pour opérer le nivellement, on se sert d'instruments que nous décrirons plus loin.

Souvent on n'a à sa disposition qu'une chaîne et un graphomètre. Alors on réduit à l'horizon la base et les angles mesurés, et l'on en déduit, comme nous l'expliquerons, les différences de niveau.

Réduction des bases à l'horizon.

91. Soit AB la base mesurée avec la chaîne et qu'il s'agit de réduire à l'horizon (*fig.* 25). On placera un graphomètre au point A qu'on suppose être le plus bas, et on disposera le limbe dans le plan vertical de AB, de manière que son diamètre soit horizontal. On parvient à remplir cette dernière condition au moyen d'un fil à plomb qui, dans ce cas, doit pouvoir être appliqué sur le limbe et amené à passer par le centre et par la division 90 degrés. On marquera alors sur une règle, à partir d'une de ses extrémités A′, la distance O′A′ égale à la distance AO du centre du limbe au sol; on transportera ensuite l'extrémité A′ de la règle au point B, et on la placera verticalement en B*z* : on aura

$$BO' = OA;$$

on visera le point O′ avec l'alidade mobile, et l'arc *ab* du limbe donnera l'inclinaison φ de AB sur l'horizon. Alors cette base réduite sera AB cos φ, et l'on pourra la calculer par logarithmes.

Table pour la réduction des bases à l'horizon.

92. On peut, pour réduire une base à l'horizon, faire usage de la Table suivante. Cette Table fait connaître, avec quatre décimales exactes, la projection de 1 mètre pour une pente variant par degrés depuis 1° jusqu'à 30°.

DEGRÉ de pente.	PROJECTION DE 1m.	DEGRÉ de pente.	PROJECTION DE 1m.
1°	0,9998	16°	0,9613
2°	0,9994	17°	0,9563
3°	0,9986	18°	0,9511
4°	0,9976	19°	0,9455
5°	0,9962	20°	0,9397
6°	0,9945	21°	0,9336
7°	0,9925	22°	0,9272
8°	0,9903	23°	0,9205
9°	0,9877	24°	0,9135
10°	0,9848	25°	0,9063
11°	0,9816	26°	0,8988
12°	0,9781	27°	0,8910
13°	0,9744	28°	0,8829
14°	0,9703	29°	0,8746
15°	0,9659	30°	0,8660

93. Veut-on, par exemple, réduire à l'horizon une base de $157^m,75$ pour une pente de $11°,30'$; on prendra la moyenne entre 0,9816 et 0,9781 : cette moyenne est 0,97885, et l'on multipliera par ce nombre $157^m,75$. Voici le type du calcul :

Pour	100^m,	$0,97885 \times 100$	97,89
—	50^m,	$0,97885 \times 50$	48,95
—	7^m,	$0,97885 \times 7$ ...	6,85
—	$0^m,7$	$0,97885 \times 0,7$	0,68
—	$0^m,05$	$0,97885 \times 0,05$....	0,04
		Base réduite à l'horizon.	$154^m,41$

Réduction des angles à l'horizon.

94. Supposons qu'un observateur placé au point O (*fig.* 26) ait mesuré les angles *b*, *c* formés avec la verticale OO' par les rayons visuels OP et OQ dirigés vers deux points fixes P et Q, et qu'il ait mesuré aussi l'angle *a*

formé par ces rayons visuels; il s'agit de trouver l'angle P'O'Q', qui est la projection de a sur le plan horizontal.

Si l'on imagine une sphère décrite du point O comme centre, avec l'unité pour rayon, elle sera coupée par les trois faces de l'angle trièdre en O, suivant un triangle sphérique ABC, dont les côtés seront précisément les angles observés a, b, c; tandis que l'angle P'O'Q', qu'il faut trouver, est égal à l'angle A du triangle sphérique. En désignant donc par $2p$ le périmètre $a+b+c$, l'angle A pourra se calculer par la formule

$$\cos\tfrac{1}{2}\mathrm{A} = \sqrt{\frac{\sin p \sin(p-a)}{\sin b \sin c}}.$$

Type du calcul.

$$a = 29^\circ 35', \quad b = 79^\circ 25', \quad c = 84^\circ 30'.$$

$$\cos\tfrac{1}{2}\mathrm{A} = \sqrt{\frac{\sin p \sin(p-a)}{\sin b \sin c}}.$$

$p = 96^\circ 45'$,	$\frac{1}{2}\log\sin(83^\circ 15')$....	4,9984896
$180 - p = 83^\circ 15'$,	$\frac{1}{2}\log\sin(67^\circ 10')$ ..	4,9822801
$p - a = 67^\circ 10'$,	comp $\frac{1}{2}\log\sin(79^\circ 25')$....	5,0037267
	comp $\frac{1}{2}\log\sin(84^\circ 30')$....	5,0010020
	$\log\cos\frac{1}{2}\mathrm{A}$	9,9854984
	$\frac{1}{2}\mathrm{A}$	$14^\circ 43' 30''$
		$\mathrm{A} = 29^\circ 27'$

Détermination des différences de niveau.

95. Soient A et B (*fig.* 25) les deux points dont on veut mesurer la différence de niveau. On opérera comme il a été dit au nº **91**, et l'on obtiendra l'inclinaison φ de la ligne AB sur l'horizon : soit C l'intersection de la verticale du point B et du plan horizontal passant par A; le côté BC du triangle ABC sera la différence de niveau cherchée; ce triangle donne

$$BC = AB \sin \varphi,$$

et l'on pourra calculer BC par logarithmes, puisque l'angle φ a été mesuré.

96. La méthode que nous venons d'indiquer n'est pas généralement employée; aussi croyons-nous devoir présenter quelques détails sur le procédé usuel de nivellement. Les instruments dont on se sert pour cet objet sont un *niveau* et une mire (*).

Du niveau d'eau.

97. Il existe plusieurs sortes de niveaux. Le niveau d'eau, quoique l'un des moins parfaits, est souvent employé de préférence à des instruments plus précis, à cause de sa simplicité et de l'extrême facilité avec laquelle on le manie; aussi nous bornerons-nous à la description de ce niveau, en renvoyant aux ouvrages spéciaux les lecteurs qui voudraient prendre connaissance des instruments de précision dont on fait usage dans le nivellement.

98. Le niveau d'eau se compose d'un tuyau A (*fig.* 53), en fer-blanc ou en cuivre, dont les extrémités sont recourbées à angle droit et portent chacune un pas de vis c, sur lequel s'ajuste, à l'aide d'un écrou d, une fiole B. Chaque fiole est formée d'une monture en cuivre b, dans laquelle est fixé, avec du mastic de fontainier, un tube de verre a; des rondelles ff en cuir gras servent à rendre parfaitement étanche l'ajustement des fioles et du tuyau A. Un étui g en fer-blanc, noirci intérieurement, enveloppe en partie chaque fiole. La partie de la fiole non enveloppée correspond à la face latérale du tuyau A. Le tuyau A est réuni à un

(*) Le procédé de nivellement que nous allons indiquer, n'est point exigé des candidats à l'École Polytechnique.

trépied par un genou à coquilles, semblable à celui décrit au nº 16.

99. Si l'on verse de l'eau dans l'une des fioles, cette eau traverse le tuyau A, et s'établit dans les deux fioles à un même plan de niveau. En dirigeant dans l'un des deux plans à peu près verticaux que l'on peut mener tangentiellement aux deux fioles, un rayon visuel qui affleure le bord des ménisques produits à la surface de l'eau par la capillarité, on aura une horizontale nommée *ligne de visée;* et si l'on fait tourner le tuyau A autour de l'axe du genou, cette droite restera toujours dans le même plan horizontal. D'après cela, pour avoir la cote d'un point α inférieur à ce plan, il suffit de placer en ce point une règle verticale, et de diriger la ligne de visée vers cette règle, ce que l'on nomme *viser la règle.* La portion de règle comprise entre le point α et le point où la ligne de visée rencontre cette règle donne la cote cherchée. Au lieu de prendre une règle ordinaire, on se sert de la mire, qui permet d'obtenir les cotes avec beaucoup plus d'exactitude.

Ordinairement, pour une même station du niveau, on détermine les cotes de plusieurs points; alors on fait tourner le tuyau A autour de l'axe du genou pour viser la mire placée successivement aux divers points dont on veut avoir les cotes. A chaque station, il faut avoir soin de disposer le tuyau dans une position sensiblement horizontale. Le niveleur doit se placer à une distance au moins d'un mètre de l'instrument, afin de bien diriger le rayon visuel sur le bord des ménisques. Avant d'opérer, il est nécessaire de faire sortir les bulles d'air qui restent dans l'eau du tuyau; il suffit, pour cela, de pencher l'une des extrémités en bouchant la fiole qui y est fixée. Il faut aussi attendre que la surface de l'eau se soit tranquillisée. Les fioles doivent avoir leurs diamètres assez grands et sensiblement égaux, pour que les ménisques aient une très-petite épaisseur, et que, par suite, la ligne de visée soit plus précise.

De la mire.

100. La mire se compose d'une règle en bois BB′ (*fig.* 54, 55, 56), de 2 mètres de hauteur, dont une extrémité porte un sabot en fer *f*; une pédale *g*, tenant au sabot, permet de maintenir la règle verticalement. La règle BB′ porte dans le sens de sa longueur une coulisse dans laquelle pénètre la languette d'une autre règle AA′, aussi de 2 mètres. L'ensemble des règles AA′ et BB′ en forme une seule de section carrée. La partie de BB′ engagée dans le sabot *f* ne porte pas de coulisse et présente une section égale à celle de l'ensemble de AA′ et BB′. La languette de AA′ est également interrompue à l'extrémité supérieure de cette règle, qui se termine par un sabot carré semblable à celui de la partie inférieure de BB′. Une embrasse en cuivre *a′a′* entourant les deux règles AA′ et BB′ et fixée à la partie inférieure de la première, est soudée à une bride *b′b′*, dans l'épaisseur de laquelle est taraudé un écrou qui porte une vis de pression *c′*; la partie postérieure *d′d′* de cette embrasse est découpée de sorte qu'elle présente une certaine élasticité qui lui permet de céder à l'action de la vis *c′*. Il en résulte la possibilité de presser l'une contre l'autre les deux règles AA′ et BB′, et de rendre impossible tout mouvement de glissement longitudinal.

Un voyant C, formé d'un morceau de fer-blanc partagé en quatre rectangles égaux par deux lignes, horizontale et verticale, est fixé à la bride *b* d'une embrasse *aa* mobile le long des deux règles. Cette embrasse, découpée à la partie postérieure comme la précédente, porte une vis de pression dont l'écrou est taraudé dans la bride *b*, qui permet de fixer le voyant à une hauteur quelconque de la double règle. Afin de rendre le centre du voyant plus visible, deux de ses rectangles opposés par un sommet sont peints en rouge, et les deux autres en blanc.

La règle BB′ porte deux divisions en centimètres : l'une sur la face postérieure et qui commence à la pédale, l'autre sur la face latérale et qui commence au-dessus du sabot *f*. De plus, les embrasses *aa* et *a′a′* portent deux divisions en millimètres *e*, *e′*. La division de la première embrasse est à sa partie postérieure, et son zéro correspond au centre du voyant; la division de la seconde embrasse est sur sa face latérale, et commence à l'extrémité de la règle AA′.

101. Pour avoir, avec la mire, une cote, que nous supposerons d'abord moindre que 2 mètres, le niveleur se place au niveau; un aide va poser le pied de la mire au point dont on veut avoir la cote : après avoir fait rentrer complétement la languette de la règle AA′ dans la coulisse de BB′, il serre la vis *c′*, et, à l'aide de la pédale, maintient la mire verticalement; alors il desserre la vis *c* qui maintenait le voyant, et le monte ou le descend suivant le signe du niveleur, jusqu'à ce que la ligne de visée passe par le centre du voyant, ce qui lui est indiqué par un dernier signe. Il serre la vis *c*, et le niveleur vient prendre la mire pour y lire sur la division postérieure *m* la cote qui est la distance du centre du voyant au sol. Les centimètres sont donnés par la division de la règle BB′, et les millimètres par la division *e* de l'embrasse *a*.

102. Quand la cote à mesurer dépasse 2 mètres, l'aide commence par élever le voyant jusqu'à ce que l'embrasse *a* vienne buter contre le taquet d'un ressort *h* placé à la partie supérieure de la règle AA′, l'arrête dans cette position en serrant la vis *c*, et place la mire verticalement. Le centre du voyant se trouve alors à 2 mètres au-dessus du sol et fixé seulement sur la règle AA′. L'aide desserre alors la vis de pression *c′* et soulève la règle AA′, en la faisant glisser le long de la

règle fixe BB', jusqu'à ce que le niveleur lui ait indiqué que le centre du voyant est sur sa ligne de visée; il arrête alors le voyant en serrant la vis c', et le niveleur vient lire sur la division latérale n, qui commence à 2 mètres, et sur la division e' de l'embrasse $a'a'$, les nombres de centimètres et de millimètres qui donnent la distance du centre du voyant au sol.

Du nivellement.

103. Lorsque les cotes des différents points du terrain peuvent être obtenues à une même station du niveau, on dit que le nivellement est *simple*, et les cotes sont prises par rapport au plan de niveau déterminé par l'instrument.

Un enchaînement de nivellements simples rattachés les uns aux autres par les cotes d'un même point, prises de deux stations consécutives, constitue un *nivellement composé*. La cote d'un point prise de la première station porte le nom de *cote arrière*, et celle du même point prise de la seconde se nomme *cote avant*.

104. Dans tout nivellement composé, les cotes observées doivent être rapportées à un même plan de niveau, ce qui est facile, puisque la différence des cotes d'un même point prises de deux stations donne la distance des deux plans de nivellement de ces stations; en sorte que, pour rapporter les points observés de la deuxième station au plan de la première, il suffit d'ajouter cette différence à toutes les cotes observées de la deuxième station. Cette différence peut être positive ou négative; par conséquent, les cotes rapportées au premier plan de nivellement peuvent être négatives. Comme ce premier plan est au-dessus des points observés de la première station, les cotes négatives indiqueront des points situés au-dessus de ce plan.

Si, par exemple, on a un nivellement composé de trois nivellements simples; savoir :

Un premier nivellement, qui donne les cotes $1^m,343$ et $3^m,755$ des points A et B; un deuxième, qui donne les cotes $0^m,732$ et $2^m,320$ des points B et C; un troisième, qui donne les cotes $0^m,875$ et $1^m,982$ des points C et D; et qu'on veuille rapporter les cotes des points A, B, C, D, au plan du premier nivellement; en opérant comme nous venons de le dire, on aura:

Pour la cote du point A. . . . . $1^m,343$
Pour celle du point B 3,755
Pour celle du point C . . . . 2,320 + (3,755 — 0,732) = 5,343
Et pour celle du point D. 1,982 + (2,320 — 0,875)
+ (3,755 — 0,732) = 6,450

Et si l'on veut rapporter ces points à un plan de nivellement situé à 10 mètres au-dessous du point A, il suffira de retrancher les cotes précédentes de 10 + 1,343. On aura ainsi :

Pour la cote du point A. . . . . $10^m,000$
Pour celle du point B. . . . . . . 10 + 1,343 — 3,755 = 7,588
Pour celle du point C. . . . . . . 10 + 1,343 — 3,755
+ 0,732 — 2,320 = 6,000
Pour celle du point D. . . . . . . 10 + 1,343 — 3,755
+ 0,732 — 2,320
+ 0,875 — 1,982 = 4,893

105. Le plan unique auquel on rapporte en définitive les cotes des différents points du terrain est dit *plan général*, et l'opération par laquelle on détermine ces cotes est un *nivellement général*. Voici, d'après ce qui précède, la règle à suivre pour exécuter cette opération.

Soient m la cote d'un premier point M rapportée au plan général, n celle d'un second point N, m' la cote arrière du point M, et enfin n' la cote avant du point N; on aura, pour déterminer n, la formule

$$n = m + (n' - m').$$

Pour établir clairement les résultats d'un nivellement composé, il nous paraît convenable de disposer les calculs comme l'indique le tableau suivant :

NUMÉROS des stations.	LONGUEURS horizontales comprises entre les points de nivellement successifs	NUMÉROS d'ordre des points de nivellement.	COTES DES POINTS DE NIVELLEMENT — Cotes rapportées aux plans partiels du nivellement. Avant.	Arrière.	Cotes rapportées au plan général.	COTES des points par rapport au premier plan partiel de nivellement.
		A	»	1,343	m 10,000	1,343
1	m 200					
		B	3,755	0,732	7,588	3,755
2	220					
		C	2,320	0,875	6,000	5,343
3	300					
		D	1,982	0,701	4,893	6,450
4	280					
		E	1,203	»	4,391	6,952
						Vérification des calculs.
			9,260	3,651		m 9,260−3,51 = 5,609 10,000−4,391 = 5,609

106. *Réduction des bases à l'horizon.* — Le nivellement permet d'effectuer la réduction des bases à l'horizon. Soient AB une base qu'on a mesurée, et AC sa projection horizontale : BC sera la différence des cotes des points A et B; cette différence étant connue, le triangle ABC donne

$$AC = \sqrt{(AB + BC)(AB - BC)},$$

formule calculable par logarithmes.

SIXIÈME LEÇON.

PROBLÈMES DE TRIGONOMÉTRIE PRATIQUE.

Mesure des hauteurs. — Mesure des distances. — Problèmes divers.

Mesure des hauteurs.

107. Problème I. — *Trouver la hauteur d'une tour dont le pied est accessible, et dont la base est sur un terrain à peu près horizontal.*

Soient S le sommet de la tour (*fig.* 27), et SA sa hauteur. On emploiera un graphomètre que l'on disposera en un lieu dont la distance à la tour ne soit ni trop grande ni trop petite par rapport à sa hauteur. On placera le limbe verticalement de manière que son plan passe par le sommet de la tour, et que son diamètre soit horizontal.

Cela fait, on visera le point S, et l'on évaluera l'arc du limbe *ab* compris entre le diamètre et l'alidade, ce sera l'angle C du triangle rectangle SCD; on prendra ensuite sur le terrain, et à l'aide du fil à plomb, la projection B du centre de l'instrument. A partir de ce point B, on tracera un alignement dans la direction de l'alidade fixe C*a*, et l'on mesurera, avec la chaîne, la distance horizontale BA comptée dans cette direction, depuis le point B jusqu'à la tour. Comme CD = BA, on connaîtra, dans le triangle rectangle SCD, le côté CD et l'angle aigu SCD; on pourra donc calculer SD, et en ajoutant AD ou BC, qui est la hauteur du graphomètre, on aura la hauteur cherchée.

108. Exemple. — On a trouvé

$$SCD = 34°35', \quad AB = 74^{m},27,$$

et pour la hauteur BC du graphomètre, $1^{m},10$. On a

$$SD = AB \tan SCD, \quad AS = SD + BC;$$

log(74,27).....	1,8708134
log tang (34° 35').....	9,8384867
log SD............	1,7093001
SD.............	51,205
BC.............	1,10
AS =	$52^{m},305$

109. Problème II. — *Trouver la hauteur d'une tour dont le pied est inaccessible, mais dont la base est sur un terrain à peu près horizontal.*

Soit AS (*fig.* 28) la hauteur de la tour du pied de laquelle on ne peut approcher. On placera le graphomètre en un certain lieu B, et, comme dans le problème I, on disposera le limbe verticalement, de manière que son diamètre soit horizontal, et que son plan passe par le sommet S; on visera le point S, et on évaluera l'angle SCD. On tracera un alignement BB′ dans la direction de l'alidade C*a*, et l'on transportera le graphomètre parallèlement à lui-même, de manière que son centre se trouve projeté en B′; alors, à l'aide de l'alidade ou de la lunette mobile, on visera de nouveau le point S, et l'on évaluera l'angle SC′D. Enfin, on mesurera à la chaîne la ligne BB′ = CC′.

Le triangle SCC′ donne

$$\frac{SC}{BB'} = \frac{\sin SC'D}{\sin(SC'D - SCD)}, \quad \text{d'où} \quad SC = \frac{BB' \sin SC'D}{\sin(SC'D - SCD)};$$

le triangle rectangle SCD donne aussi

$$SD = SC \sin SCD;$$

donc

$$SD = \frac{BB' \sin SCD \sin SC'D}{\sin(SC'D - SCD)}.$$

Par conséquent, on pourra calculer SD par la formule

$$\log SD = \log BB' + \log \sin SCD + \log \sin SC'D$$
$$+ \text{compl} \log (SC'D - SCD) - 10;$$

en ajoutant ensuite au résultat la hauteur du graphomètre, on aura la hauteur cherchée.

110. Exemple. — On a trouvé

$$BB' = 23^{m},35, \quad SCD = 30^{\circ}29'30'', \quad SC'D = 36^{\circ}45'40'';$$

d'où

$$SC'D - SCD = 6^{\circ}16'10'';$$

et pour la hauteur BC de l'instrument, $1^{m},10$.

log 23,25	1,3664230
log sin (30°29′30″)	9,7053616
log sin (36°45′40″)	9,7770496
compl log sin (6°16′10″)	0,9617606
log SD	1,8105948
SD.	64,655
BC	1,10
	AS = 65^{m},754

111. Les solutions des problèmes I et II ne peuvent s'étendre à la détermination de la hauteur d'un édifice dont la base serait sur un terrain incliné ou inégal; mais ce cas ne présente pas, comme on va voir, de plus grandes difficultés.

112. Problème III. — *Trouver la hauteur d'une montagne.*

Soit SH (*fig.* 29) la hauteur qu'il faut mesurer. On prendra deux stations A et B, dont l'une A soit à peu près dans le plan horizontal du pied de la hauteur SH, et telles qu'on puisse mesurer aisément avec la chaîne la distance effective des points A et B. On placera le graphomètre à la première station, de manière que le centre du limbe soit sur la verticale du point A, et l'on plantera en B un jalon muni d'un signal; on amènera le plan du limbe à passer par le point S et par le signal D; on mesurera alors l'angle SCD, puis, sans déplacer le pied de l'instrument, on placera le limbe verticalement, de manière que son diamètre soit horizontal, et que son plan passe toujours par le point S; on visera le point S dans cette position, et on évaluera l'angle SCK formé par l'alidade mobile avec le diamètre du limbe. Enfin, on transportera l'instrument à la seconde station, de manière que son centre D soit projeté en B, et l'on plantera le jalon en A, puis, comme précédemment, on mesurera l'angle SDC.

La base AB = CD ayant été mesurée à la chaîne, comme il a été dit plus haut, on connaît le côté CD et les trois angles du triangle SCD : ce triangle donne

$$SC = \frac{CD \sin SDC}{\sin CSD},$$

puis le triangle rectangle CSK donne

$$SK = \frac{SC}{\sin SCK};$$

donc

$$SK = \frac{CD \sin SDC}{\sin CSD \sin SCK}.$$

On pourra donc calculer SK par la formule

$$\log SK = \log CD + \log \sin SDC + \text{compl} \log \sin CSD$$
$$+ \text{compl} \log \sin SCK;$$

en ajoutant ensuite au résultat la hauteur AC = KH du graphomètre, on aura la hauteur cherchée SH.

113. Exemple. — On a trouvé

$$SCK = 30^\circ 30', \quad SCD = 85^\circ 25', \quad SDC = 83^\circ 50',$$

d'où $CSD = 10^{\circ},45'$,

$$CD = 50^{m}, \quad \text{et} \quad AC = BD = 1^{m},12.$$

log 50	1,6989700
log sin (83° 50′)....	9,9974797
compl log sin (10° 45′)....	0,7292652
compl log sin (30° 30′)....	0,2945311
log SK.........	2,7202460
SK.	525,17
KH.......	1,12
SH =	526^{m},29

Mesure des distances.

114. Problème IV. — *Trouver la distance d'un point à un point inaccessible.*

Soient C le point où l'observateur peut stationner, A le point inaccessible, en sorte que la distance à mesurer est AC (*fig.* 30). On mesurera, avec la chaîne, une base CD quelconque, à partir du point C, puis avec le graphomètre les angles ACD et ADC, d'où l'on déduira aussi la valeur de l'angle CAD; ensuite on calculera le côté AC par la formule

$$AC = \frac{CD \sin ADC}{\sin CAD}.$$

115. Problème V. — *Trouver la distance de deux points inaccessibles.*

Soient A et B (*fig.* 30) les deux points inaccessibles dont on veut déterminer la distance.

On mesurera, avec la chaîne, une base CD sur la portion du terrain où l'on peut stationner, puis, avec le graphomètre, les cinq angles BDC, ADC, ACD, BCD et ACB. Alors, dans les triangles ACD et BCD, où l'on connaît le côté CD et les angles, on pourra calculer les côtés AC et BC. Cela fait, on connaîtra dans le triangle ACB l'angle C et les deux côtés qui le comprennent; on pourra donc calculer le côté AB, et la question sera résolue.

Voici le moyen le plus simple de diriger le calcul. Nous désignerons, comme à l'ordinaire, par A, B, C les angles du triangle ABC, et par a, b, c les côtés respectivement opposés, et nous ferons de plus $\mathrm{CD} = \delta$. Les triangles BCD et ACD donnent respectivement

$$a = \frac{\delta \sin \mathrm{BDC}}{\sin \mathrm{CBD}}, \quad b = \frac{\delta \sin \mathrm{ADC}}{\sin \mathrm{CAD}},$$

d'où

$$\log a = \log \delta + \log \sin \mathrm{BDC} + \text{compl} \log \sin \mathrm{CBD} - 10,$$
$$\log b = \log \delta + \log \sin \mathrm{ADC} + \text{compl} \log \sin \mathrm{CAD} - 10.$$

Maintenant on a dans le triangle ABC (*voir* le *Traité de Trigonométrie*, n° 119, page 111)

$$\operatorname{tang} \tfrac{1}{2}(\mathrm{A} - \mathrm{B}) = \frac{a - b}{a + b} \cot \tfrac{1}{2}\mathrm{C}.$$

Soit φ un angle auxiliaire tel que

$$b = a \operatorname{tang} \varphi, \quad \text{d'où} \quad \operatorname{tang} \varphi = \frac{b}{a};$$

on aura

$$\operatorname{tang} \tfrac{1}{2}(\mathrm{A} - \mathrm{B}) = \frac{1 - \operatorname{tang} \varphi}{1 + \operatorname{tang} \varphi} \cot \tfrac{1}{2}\mathrm{C},$$

ou, à cause de $\operatorname{tang} 45^\circ = 1$,

$$\operatorname{tang} \tfrac{1}{2}(\mathrm{A} - \mathrm{B}) = \frac{\operatorname{tang} 45^\circ - \operatorname{tang} \varphi}{1 + \operatorname{tang} 45^\circ \operatorname{tang} \varphi} \cot \tfrac{1}{2}\mathrm{C} = \operatorname{tang}(45^\circ - \varphi) \cot \tfrac{1}{2}\mathrm{C}.$$

L'angle φ se calculera d'abord par la formule

$$\log \operatorname{tang} \varphi = \log b - \log a,$$

ou

$$(1) \quad \left\{ \begin{array}{l} \log \operatorname{tang} \varphi = \log \sin \mathrm{ADC} + \log \sin \mathrm{CBD} \\ + \text{compl} \log \sin \mathrm{CAD} + \text{compl} \log \sin \mathrm{BDC} - 20, \end{array} \right.$$

puis on aura ensuite l'angle $\frac{1}{2}(\mathrm{A} - \mathrm{B})$, par la formule

$$(2) \quad \log \operatorname{tang} \tfrac{1}{2}(\mathrm{A} - \mathrm{B}) = \log \operatorname{tang}(45^\circ - \varphi) + \log \cot \tfrac{1}{2}\mathrm{C}.$$

Connaissant A — B et A + B, on aura de suite l'angle A; enfin on aura la distance cherchée à l'aide de la formule

$$c = \frac{a \sin C}{\sin A},$$

d'où l'on déduit

$$(3) \quad \left\{ \begin{array}{l} \log c = \log \delta + \log \sin BDC + \text{compl} \log \sin CBD \\ + \log \sin C + \text{compl} \log \sin A - 20. \end{array} \right.$$

*116. *Remarque I.* — L'emploi de l'angle auxiliaire φ a pour effet d'éviter le calcul des côtés a et b qu'on n'a pas besoin de connaître.

Remarque II. — Il est nécessaire, comme nous l'avons dit, de mesurer directement l'angle ACB, car cet angle n'est égal à la différence des angles ACD et BCD que dans le cas très-particulier où les quatre points A, B, C, D sont dans un même plan.

117. Voici un exemple numérique de ce problème.

Exemple. — On a trouvé

$$CD = 60^{m},\quad BDC = 121°35',\quad ADC = 49°20',$$
$$ACD = 89°36'35'',\quad BCD = 31°22'30''\quad \text{et}\quad ACB = 67°15'40''.$$

On déduit de ces mesures,

$$CBD = 27°2'30'',\quad CAD = 41°3'25'',\quad 180° - BDC = 58°25',$$
$$\tfrac{1}{2}C = 33°37'50''\quad \text{et}\quad \tfrac{1}{2}(A + B) = 56°22'10''.$$

Calcul de l'angle φ (formule 1).

log sin (49° 20')	9,8799634
log sin (27° 2' 30'')	9,6576661
compl log sin (41° 3' 25'')	0,1825490
compl log sin (58° 25')	0,0696219
log tang φ	9,7898004
φ =	31° 38' 45''
45° − φ =	13° 21' 15''

Calcul des angles $\frac{1}{2}(A - B)$ *et* A (*formule* 2).

log tang($13^\circ 21' 15''$)....	9,3754595
log cot($33^\circ 37' 50''$)....	0,1770691
log tang $\frac{1}{2}(A - B)$....	9,5525286
$\frac{1}{2}(A - B) =$	$19^\circ 38' 26'',5$
$\frac{1}{2}(A + B) =$	$56^\circ 22' 10''$
$A =$	$76^\circ\ 0'\ 36'',5$

Calcul de la distance cherchée c (*formule* 3).

log 60..................	1,7781513
log sin ($58^\circ 25'$)..........	9,9303781
compl log sin($27^\circ\ 2' 30''$).......	0,3423339
log sin($67^\circ 15' 40''$).......	9,9648609
compl log sin($76^\circ\ 0' 36'',5$).....	0,0130767
log c..................	2,0288009
	$c = 106^m,856$.

118. Problème VI. — *Trouver la distance d'un point donné à la droite qui passe par deux points inaccessibles.*

On mesurera, à partir du point donné C, une base CD (*fig.* 30), et, comme dans le problème précédent, on mesurera aussi les cinq angles BDC, ADC, ACD, BCD et ACB. Conservant aussi toutes les notations du n° 53, on calculera, à l'aide des formules (1) et (2), les angles A et B du triangle ABC; ensuite on aura la distance OC du point C à la droite AB, à l'aide de la formule $OC = b \sin A$, d'où l'on déduit

$$\log OC = \log \delta + \log \sin ADC + \text{compl} \log \sin CAD + \log \sin A - 10.$$

Remarque. — On pourrait calculer de même les segments AO et BO compris entre les points A et B, et le pied de la perpendiculaire OC. En effet, les formules $AO = b \cos A$, $BO = a \cos B$, donnent

$$\log AO = \log \delta + \log \sin ADC + \text{compl} \log \sin CAD + \log \cos A - 10,$$
$$\log BO = \log \delta + \log \sin BDC + \text{compl} \log \sin CBD + \log \cos B - 10.$$

horizontale du point A à l'axe de la tour. En transportant l'instrument en B, on pourra de même mesurer l'angle des rayons visuels horizontaux tangents à la tour, ainsi que l'angle EBA, d'où l'on déduira aussi l'angle OBA. Connaissant un côté AB et les angles du triangle OAB, on pourra calculer OA, et alors le triangle rectangle OAD, où l'on connaîtra l'hypoténuse OA et l'angle aigu $OAD = \frac{1}{2} DAC$, permettra de calculer le rayon cherché OD.

123. Problème XI. — *Étant données les latitudes et les longitudes de deux points à la surface de la terre, trouver la distance de ces deux points.*

Soient C le pôle boréal, C′ le pôle austral, EOE′ l'équateur, et I le point à partir duquel se comptent les longitudes (*fig.* 35). Supposons que IE soit le sens des longitudes orientales, et IE′ celui des longitudes occidentales. Soient CAMC′ et CBNC′ les méridiens qui passent par les deux points donnés A et B, dont on connaît les latitudes AM, BM, et les longitudes IM, IN; soit enfin AB l'arc de grand cercle qui joint les points donnés A et B. Dans le triangle sphérique ABC, on connaît l'angle C et les deux côtés qui le comprennent. En effet, l'angle C est la différence ou la somme des longitudes données, suivant qu'elles sont toutes deux orientales ou occidentales, ou bien que l'une est orientale et l'autre occidentale. En outre, le côté CA est égal à 90° — ou + la latitude du point A, suivant que cette latitude est boréale ou australe; et de même, le côté CB est égal à 90° — ou + la latitude du point B.

On calculera la demi-somme des angles A et B de ce triangle par l'une des formules de Néper, savoir

$$\tang \tfrac{1}{2}(A + B) = \cot \tfrac{1}{2} C \frac{\cos \frac{1}{2}(a - b)}{\cos \frac{1}{2}(a + b)}.$$

On peut ensuite calculer le côté c à l'aide de l'une des autres formules de Néper; mais il vaut mieux employer l'une des formules de Delambre (*voir* le *Traité de Trigonométrie*), savoir

$$\cos\tfrac{1}{2}c = \frac{\cos\frac{1}{2}(a+b)\sin\frac{1}{2}C}{\cos\frac{1}{2}(A+B)},$$

qui n'exige que la recherche de deux nouveaux logarithmes.

Le triangle sphérique CAB étant résolu, on connaîtra le nombre n de degrés de AB. Le quart de la circonférence d'un méridien terrestre étant égal à 1000 myriamètres, on aura, pour la longueur de AB en myriamètres,

$$AB = \frac{n}{9} \times 100.$$

124. Proposons-nous, comme exemple, de trouver en myriamètres la distance de Brest à Cayenne.

D'après la *Connaissance des Temps* pour l'année 1845, les coordonnées géographiques de Brest et de Cayenne sont

Brest......	Longitude occidentale....	$6°49'35''$,
	Latitude boréale	$48°23'35''$;
Cayenne....	Longitude occidentale....	$54°38'45''$,
	Latitude boréale	$4°56'28''$;

les longitudes étant comptées à partir du méridien de l'Observatoire national de Paris. Supposons que A représente la position de Brest, et B celle de Cayenne; on aura

$$C = 47°49'10'', \quad a = 85°3'32'', \quad b = 41°36'25''.$$

Calcul préliminaire.

$\frac{1}{2}C = 23°54'35''$, $\log\cot\frac{1}{2}C = 0{,}3532611$

$\log\sin\frac{1}{2}C = 9{,}6077731$

$\frac{1}{2}(a+b) = 63°19'58'',5$, $\log\cos\frac{1}{2}(a+b) = 9{,}6520584$

$\frac{1}{2}(a-b) = 21°43'33'',5$, $\log\cos\frac{1}{2}(a-b) = 9{,}9679993$

Calcul de $\frac{1}{2}$ (A + B).	*Calcul de* c.
$\log \cot \frac{1}{2} C$ 0,3532611	$\log \sin \frac{1}{2} C$ 9,6077731
$\log \cos \frac{1}{2}(a-b)$.. 9,9679993	$\log \cos \frac{1}{2}(a+b)$.. 9,6520584
$\text{comp} \log \cos \frac{1}{2}(a+b)$ 0,3479416	$\text{comp} \log \cos \frac{1}{2}(A+B)$ 0,6789424
$\log \tang \frac{1}{2}(A+B)$. 0,6692020	$\log \cos \frac{1}{2} c$........ 9,9387739
$\frac{1}{2}(A+B) = 77^\circ, 54' 37'', 87$	$\frac{1}{2} c$....... $29^\circ 42' 51'', 33$
$\log \cos \frac{1}{2}(A+B) = 9,3210576$	$c = 59^\circ 25' 42'', 66$
	$= \frac{21394266}{360000}$ degrés.

On a donc, pour la distance de Brest à Cayenne, en myriamètres,

$$\frac{21394266}{360000} \times \frac{100}{9} = \frac{21394266}{32400} = 660^{\text{myr}},32.$$

Questions proposées.

1. Quatre objets inaccessibles A, B, C, D sont en ligne droite, et ne peuvent être vus que du seul point O où l'on se trouve. On demande de calculer la distance BC, connaissant les longueurs AB et CD.

2. Déterminer l'angle sous lequel une droite inaccessible AB est vue d'un point C, également inaccessible.

3. Par un point O, on demande de tracer un alignement qui passe par le point d'intersection de deux alignements inclinés, mais qu'on ne peut prolonger jusqu'à leur point de rencontre.

II

J.-A. Serret et Ch. Bourgeois. Leçons sur les Applications pratiques de la Géométrie et de la Trigonométrie. Pl. 1.

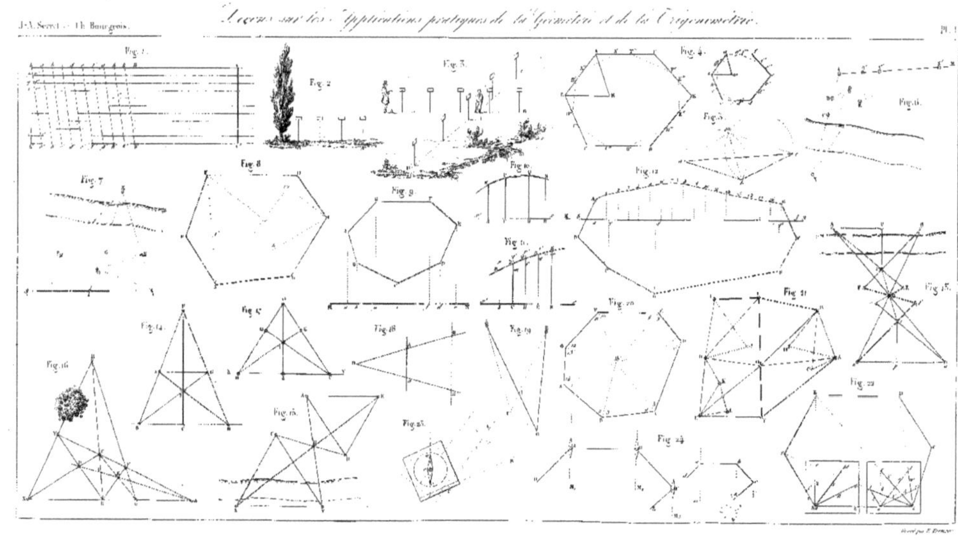

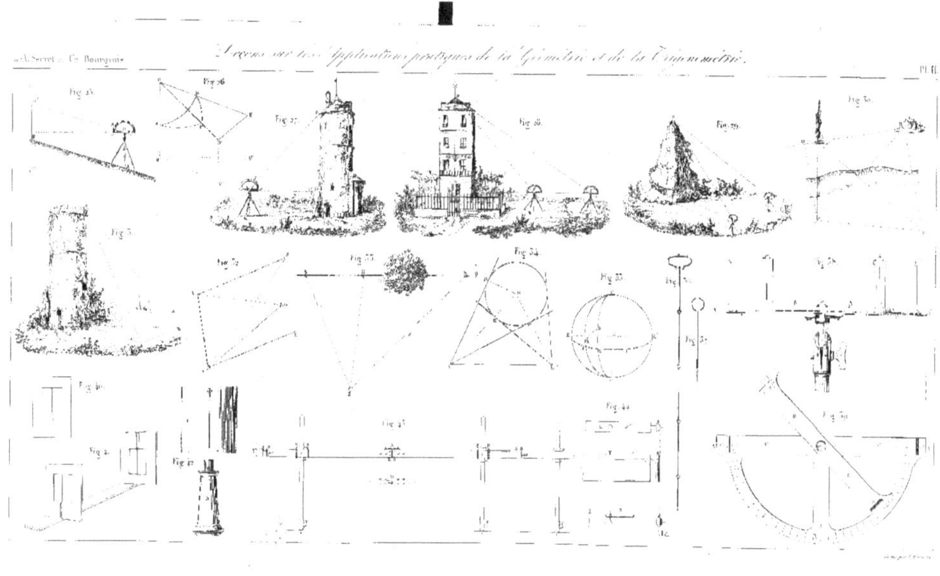
J.-A. Serret et Ch. Bourgeois
Leçons sur les Applications pratiques de la Géométrie et de la Trigonométrie.
Pl. II.

J.-A. Serret et Ch. Bourgeois. Leçons sur les Applications pratiques de la Géométrie et de la Trigonométrie. Pl. III.

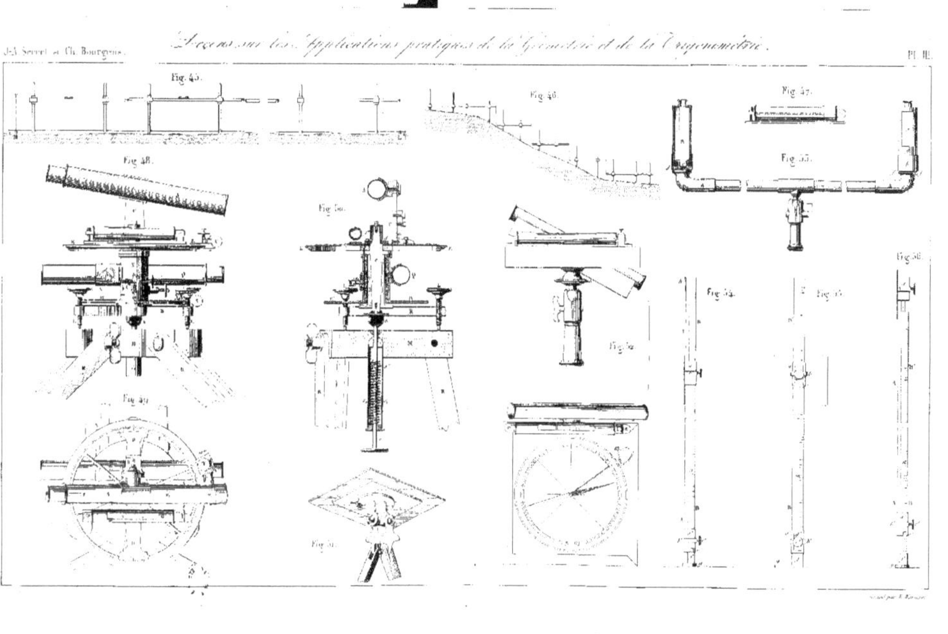

www.ingramcontent.com/pod-product-compliance
Lightning Source LLC
LaVergne TN
LVHW050423160826
845677LV00002BA/498

* 9 7 8 2 3 2 9 7 3 3 1 7 3 *